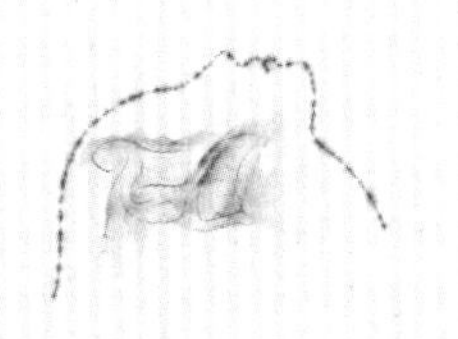

欲望的禁令

20个直入人心的心理治疗故事

Begierige Verbote

Sexueller Mißbrauch · Therapie · Schamlose Beziehungen

[德] 乌尔里希·索尔曼（Ulrich Sollmann）著 徐胤 译

《欲望的禁令》推荐序

这是一部来自于生物能量心理治疗师在面对有性侵创伤的来访者时的心理咨询与治疗手记。

之所以这样说，就是想让大家带着这样的一个期待去读这本书。这不是一本关于性侵的案例集，看不到关于性侵案例的狗血情节和充满好奇的想象；也不是一本关于如何对性侵受害者进行心理辅导的技术指导书，也看不到具体的疗法和解决方案；更不是一本伦理小说或者是社会学调查报告，也没有去反思人在性面前的痛苦与荒谬。这里，没有故事、没有技术、没有理论，这只是一部心理师的咨询手记。

但是这部手记值得去读的理由源自于以下三点：

一是作者。本书的作者乌尔里希·索尔曼(Ulrich Sollmann)，是一名在德国波鸿开设心理治疗诊所的职业心理治疗师，同时也是德国心理治疗院院长、德国生物能量分析协会主席，还是很多德国政商界人士的咨询顾问。他作为一名身体心理治疗师，主要研究身体与个性，身体语言与非语言交流，非语言层面因素的协同作用，个性特质与行为模式以及跨文化场景下的身体理解和表达。他是中德心理治疗研究院会员，与中国合作伙伴联合举办心理治疗师培训项目，因此也在北京和上海工作过一段时间，还在中国开设过身体心理辅导工作坊。他已经在中国出版过2本书。一本是《你一动，我就懂：身体知道答案》，通过深入分析人类的身体语言，揭示了人际沟通中的非语言沟通部分，包括声音、肢体、表情等。他在书中还加入了对中国明星的分析，解读西方政要的影响力。另一本是《正念与生机：生物能量学视角下的压力管理》

在书中主要探讨了日常生活中的压力和压力的作用、作为个性与行为模式的压力模式、对个人压力特征的生物能量方法解析、亚历山大·勒温的生物能量分析等问题。还有一本是2018年在德国出版的《中国见闻：心理学视角的中国行》，这本书展示了中国人的感受、行为方式，如何相互联系，如何解决冲突，如何体验自己。作者将自己的经历融合为情感回应和共鸣，提供了一种跨文化的榜样：如何在中国这样的陌生文化中体验和反应。他说，"因为我想让更多德国人看到，中国并不只有政治、经济和历史，这里还有许许多多鲜活生动的人们，就像你我一样。"估计这本书也很快会在中国出版。这是一名对中国非常友好的德国心理咨询师，值得关注。

二是身体。乌尔里希·索尔曼是一名身体心理治疗师。他的治疗理论基础是生物能量学。生物能量学(Bioenergetics)是一种精神动力学心理治疗，将心灵和身体结合起来，以帮助人们解决情绪问题，并使他们更好地意识到自己拥有的能力和潜力，从而在生活中拥有快乐与乐趣。生物能量学疗法是让人们专注于个人的肌肉形态和模式及其与呼吸、运动、姿势和情感表达的关系。该疗法认为，身体的每个表现都有一定的意义。当我们一起分析肌肉模式，并启动我们每个人的身体表现或锻炼，可以帮助我们认识到我们身体的限制模式。而当我们一起探索释放这些模式的感觉，恢复童年时期压抑的感受，就可以缓解痛苦、紧张和压力。生物能量学认为每种压力都会在身体上产生一种紧张状态。而这种慢性紧张会造成身体痛苦、精神痛苦、心理痛苦、疼痛障碍和肌肉紧张。压力可能通过压缩血管、减少流向软组织(包括肌肉、肌腱以及神经)的血液，以改变身体的神经系统。这个过程造成氧气的减少，以及生物化学废弃物在肌肉中的堆积，最终导致肌肉紧张、痉挛以及疼痛。一般情况下，紧张会在压力释放以后消失。但是，长期的紧张会在压力源去除之后仍持续表现为一种潜意识的身体态度或肌肉定势。这种长期的肌肉紧张会通过减少个体的能量、削弱身体的灵活性和限制自我表达而扰乱情绪健康。因此，如果一个人想要重新获得自己全然的生命力和情绪健康，通过身体治疗来释放这种长期的肌肉紧张就变得十分必要。所以，如果有人对身体心理治疗或者生物能量学感兴趣，可以读读这本书。

三是性侵。性本来就是一个敏感的话题，性侵则更加令人难以启齿。哪怕是特别资深的心理治疗师或者是医生，在讨论性话题时也常常会三缄其口，顾左右而言他。但是作为心理咨询师是没有办法回避性的话题的。因为心理咨询就是要讨论私密话题的，如果这件事和谁都可以讨论，在谁那里都可以得到理解和解决，就不需要心理咨询师了。所以一旦做了心理咨询师，就不得不面对涉性话题，比如婚前性、婚外性、性障碍、性交流、性伦理、性骚扰等。其中，最具挑战性的就是性侵主题。作为心理咨询师，首先，你会发现竟然有这么多人曾经受到过性侵，有童年经历的，也有刚刚发生的；有陌生人挟持的，也有熟人逼迫的；有发生在职场的，也有发生在亲人间的；有酒吧"捡尸"的迷奸，也有群魔乱舞的轮奸；有约会强奸，也有婚内强奸；受害者有未成年女孩，也有成年的男性。其次，你会发现，性侵竟然会给受害者留下如此持久的身心伤害，有头脑里的闪回，也有情绪上的惊恐发作；有对某个情境或味道的回避，也有对某类群体和人物的厌恶；有对自己的谴责，也有对他人的攻击；有一遍遍对性问题的探索，也有无意识地遗忘和否认；有因此在性面前变得退缩和逃避；也有因此在性方面变得放荡和富有攻击性；有人因此对整个世界和所有他人不再信任和期待，有人一直活在羞耻和抑郁状态中。性侵，远比身体受伤、关系破裂、竞争失败、经济危机、发生事故等带来的伤害持久而深远。最后，你会发现，我们可以对性侵受害者进行身心疗愈的方法和手段竟然如此之少。**倾听**？对性侵问题的过度好奇和探索可能会对来访者构成二次伤害。**共情**？你能够理解受害人在被侵犯的当时心理上并不知道自己正在被侵犯吗？你能理解受害人会在被侵犯后强迫自己爱上对方而招致连续的侵犯吗？你能理解受害人在受到侵犯后整理好衣服还会对加害者微笑着说谢谢吗？而在这背后，是怎样的绝望和哀伤吗？**语言**？如果来访者和心理咨询师就正常的性行为都无法用语言精准描述，他们如何去用语言外置和重构性侵呢？**身体**？你在工作坊的场合用手去触碰来访者的脚踝都有可能诱发来访者的惊恐反应，如何通过身体调整来疗愈来访者压抑在身心深处的创伤？**这本书不会给你答案，但是会带给你思考。**乌尔里希·索尔曼在书中描述了他在面对各种性侵受害者时的内心困惑与彷徨，他的尝试和努力，他得到的正负反馈。他遇见的人和事，你也许有一天也会遇见。

也许，通过身体治疗去帮助性侵受害者身心疗愈是一条有效的路径。但是在这条路上一定充满风险和挑战。读这本书，会让你对心理咨询师的内心世界、对性侵受害者的世界、对人类因为性的纠结而组成的世界有更深的觉察和领悟。

是为序。

贺岭峰

2021年12月12日于绿瓦心院

中文版引言

性侵作为热议的话题时，人们往往执着于某些“爆料”，而不去关注受害者所遭受的身体、情感和心理痛苦。更何况，这样的“爆料”，可能与事实相去甚远。只有与这种哗众取宠的叙事报道划清界限，避免制造轰动性的丑闻，才能正确地应对性侵及其治疗。

在《欲望的禁令》一书中，我试图揭示介于“混乱”和“迷茫”之间的尴尬关系，展现父母和子女、男性和女性、教师和学生、心理治疗师和来访者之间的纠葛和伤害。这番努力伴随着批判性的审慎思考、有针对性的治疗和个人的情感投入。但在媒体的公开报道中，它却被形容成一个又一个的丑闻。在来自大众媒体尤其是互联网的压力之下，人们对性侵问题的兴趣，迅速变异成了对侵害的恐慌和歇斯底里式的怀疑。他们一心只想追求轰动效应，丝毫不在乎当事人的感受和隐私。许多媒体毫无顾忌地将与性侵治疗相关的人士和当事人之间微妙的关系公之于众，甚至不惜夸大其词，无中生有。这种行为，往往会造成无法弥补的心灵伤害。

在这本书中，我坚决与外界窥视隐私、制造轰动的态度划清界限。我不愿老生常谈，也不愿制造丑闻，只希望借助众多案例，将心理治疗师和来访者微妙、矛盾的关系之中不为人知的一面呈现给读者。

至少在西方国家，对性侵问题的公开讨论和专业研究，往往会演变成一场信仰的战争。一个个神话被创造出来，非友即敌的思维左右了人们的意识形态。这个问题，可以通过主动越界和自揭家丑来解决。

性侵的受害者，正是以这一方式被夺去了尊严。这样做，可谓以彼之道还施彼身。

性是人类的基本特征。它不仅影响人的心理和个性发展，还影响他们的共同生活方式及其所处的社会和文化形态。性的表现、体验和变化方式，因社会和文化背景而异。现在，人们可以谈论性，也可以公开表达自己的性需求和性倾向。但有些人依然面临情感的阻碍，无法客观、公开地谈论性。

性需求是生活的正常组成部分，但性行为的方式却千奇百怪。如果性行为会引起巨大的痛苦，对他人造成伤害，那无论是从社会、法律还是治疗角度看，我们都有必要采取相应措施。

无论是在心理还是身体上，性侵和性暴力的伤害，往往都会伴随受害者终生。所以有研究者猜测，身体中的某种记忆会让人不断回想起痛苦的经历。许多(性)侵害的受害者，往往都会有情感和身体上的痛苦回忆。某种引起联想的关联物，如施暴者穿过的夹克或香水的味道，会唤醒深藏在心底的回忆。为侵害所困扰的人，往往会在压力面前表现得更为敏感。

面对压力时，这些人的应激激素分泌量更多，时间更长。它们会直接对脉搏、血压和呼吸频率造成损害，继而引发易激动、易受刺激、过分警觉、离群索居、情绪麻木乃至抑郁等多种症状。性侵或性创伤，总是会引发心理创伤，从而让人感到无助和背叛。他们对世界和自我的认识，也会因此遭到持续的冲击。

这一切，并不一定是狭义上的性侵所造成的。对许多人而言，即便没有和施暴者有任何身体接触，其所承受的暴力就足以造成严重的后果。外界的反应，对个体的后续发展和创伤的后果具有深远的影响。他们给予受害者的支持和信任，可以减轻创伤的后果。但由于多数受害者都不能或不愿公开自己遭受暴力的经历，他们往往很难获得外界的支持。由于每个人对性侵可能有截然不同的反应，我们很难仅凭某个指征，就断定侵害的存在。

性侵可能带来多种心理后果，如自卑、沟通和关系障碍、羞耻感、负罪感、担惊受怕、抑郁、强迫症、创伤后应激障碍、酗酒和滥用药物等。

由于经常遭受外界的压抑，我们很难用数据去统计性侵的发生规模和发生频率。

欧洲的科学研究显示，女孩遭受侵害的比例为10%—15%，男孩则为5%—10%；约95%的施暴者来自近亲、家庭或直接相关的工作领域。虽然大多数性侵都发生在童年，但往往在数年之后，受害者才开始寻求专业人士的帮助。由于诸多社会禁忌的存在，无论是个人还是社会，都在努力压抑这些经历。所以，性侵的受害者往往也有不能谈论或无法谈论此事的感受。一方面，性侵受害者除社会禁忌之外，还面临着施暴者潜在乃至公开的威胁。另一方面，他们往往会产生负罪感和深深的羞愧感，不愿相信自己所经历的一切。

在这一个个（近似于病史的）治疗故事中，我试图生动地还原一段治疗关系的始末，带读者走进性侵治疗中一个情感的中间地带。（仍然保持）神秘的个人感受、生活经历、碎片化的记忆、记忆感受、幻想和受害者对幻想的质疑，都汇聚于此。来访者和心理治疗师、个体和我之间的关系，自然也属于这一情感中间地带。每一个治疗故事，都是在治疗练习室中的身体相遇。在这一基础上，移情作用（来访者将童年的感受转移到治疗师身上重新体验，并与他一道分析结果）和此时此刻的真实关系得以交汇。它们相互融合，又重新分开；作为拥有情感界限的独立个体，每个参与者都得以感知和理解自己。

书中的话题涉及性侵的方方面面。它们将帮助我们揭开性侵受害者儿时的隐秘，理解受害者和施暴者之间的动态关系；它们努力地将没有明说或无法明说的事情，用言语表达出来。身体的感受和身体记忆的破译，是本书的重中之重。身体治疗——其中就包括在某些个案中的（治疗）触碰——绝对是必要的治疗手段。触碰是治疗的核心，也是性侵过程的一部分。治疗中的触碰是尊重对方的表现和手段，它就像一把钥匙，打开了身体记忆的大门。恰恰是在来访者的身体之中，积聚着无比强大的力量，可以帮助他走向痊愈。但是，治疗中的触碰，也对心理治疗师和来访者提出了特殊的伦理挑战。特别是对心理治疗师而言，这无疑是一种全新的挑战。它要求我说出自己在每个场景中的感受、幻想和担忧，并把它们接纳为治疗过程的必要组成部分。

在围绕性侵展开的讨论中，我们需要更多的倾听而非决断。只有这样，一些动作乃至“私密化、情绪化”的触碰，才能成为讨论的对象。但这该具体如何操作呢？

要还原复杂的性侵真相，或是让它在各方面保持活跃并对治疗产生积极的影响，其实有多种途径。

传统的科学方法，讲求逐步接近事实，因为这一话题的复杂性和情绪化特征，决定了我们甚至很难给出必要的定义。所以，我特意选择“治疗故事”作为叙事手段和表现形式，去展示过往经历和新近遭遇、客观事件和主观感受、情感和思想结构之间的碰撞，并逐一厘清它们之间的关系。

所以，我也将自己纳入故事之中，平静地公开自己在每次相遇时的感受和感觉，坦白思绪的清晰和迷茫，表达对亲近和疏远的看法，给出我的做法和分析。我努力做一个客观的观察者，从一个局外人的角度去作出定义、分类和评判。当然，我也一直在探寻着可能的解释，试图去理解意料之外的事情。但是，性侵经历中的那些弦外之音、矛盾之处和未解之谜，往往正是使人遭受创伤、引发不同的主观判断以及造成沟通障碍的原因。

从人们对治疗中触碰行为的不同态度中，我们能明显感受到这种矛盾心理的存在。它可以让人们认知和感受到界限的存在，在来访者和心理治疗师、自我和他人、没有言说的事物和无法言说的事物之间提供帮助，但它也可能使人变得更加迷茫和混乱。

在这里，我要感谢我的来访者。正是他们的充分信任，使我得以接触到那些十分私密、往往令人无比羞愧的经历。在中国工作时，我也有过类似的经历。所以，我也要感谢我的中国同行和来访者，感谢他们与我分享与(性)侵害相关的私人经历、专业经验和文化心得。我尤其要感谢同济大学的刘翠莲女士帮忙联系出版事宜。正是在她的不懈努力之下，本书才得以顺利出版。

当然，我还要衷心感谢上海社会科学院出版社以及译者徐胤。后者凭借丰富的专业知识和心理学知识，不仅准确翻译了本书的内容，还在翻译时很好地顾及了两国之间的文化差异。

最后，如果本书以某种方式让您有所触动，或是您有任何疑问，都可以随时通过邮件(sollmann@sollmann-online.de)与我联系。

乌尔里希·索尔曼

目　录

治疗故事:“创造自己……”
——一个关于治疗的预言?

心理治疗是由来访者和治疗师共同完成的社会行为。它以谈话的形式,帮助来访者回忆过去的生活经历,并对这段事实进行整理加工,从而使过去和现实融为一体。

这一重构现实的目标,与治疗过程中出现的新情况,乃至治疗关系本身是互相矛盾的。从某种程度上说,来访者和治疗师共同创造了当前鲜活的现实。构造现实是一个独一无二的创意过程,自我感知既是自我探索,也是自我创造。所以,心理治疗中发生的事情(也即治疗关系)既是对过去的探究,也是因情境而异的创新。无论是来访者还是治疗师,都参与其中。

作为一名心理治疗师,我因专业知识和与之相关的工作理念受到别人的欢迎。与此同时,我也作为一个普通人、一位男性参与到特殊的情境之中,却无法预知和决定治疗的走向。

当治疗涉及性暴力问题时,它的不确定性和神秘性大幅增加,并因身体和身体能量因素的出现而变得更加隐晦和模糊。

这时,以分析和阐释为导向的治疗将鲜有用武之地。因为一个无法言说的秘密如果过早地以言语和概念的形式呈现,就会给人一种洞悉一切的错觉。实际上,这只是一种(治疗的)幻觉,是伪造的现实。

研究性暴力问题,必须做好面对沉默、秘密和无从得知情况的准备,并接受其后果。只有这样,来访者和治疗师才能在治疗过程中,以亲历的方式回归可能的性暴力现场。

以更加敏感和认真的方式亲身研究性暴力，必然要面对错综复杂的记忆碎片、记忆感受、幻想、编造记忆、身体症状和令人发怵的刺激。来访者和治疗师将围绕着"事实究竟有多么真实?"这一问题，共同去未知的领域中展开探索。

一旦涉及身体症状、身体经历和身体接触，我们就离开了相对较为可靠的言语治疗领域。

在我看来，治疗故事将自我探索、自我创造和治疗案例很好地结合在了一起。治疗故事并不是传统意义上的案例报告。它不展示我的治疗方法，而只是从持续多年、高度复杂的治疗关系中截取一个片段。在这种治疗关系中，既有移情因素，也有现实经历。

孩子在父母面前，总会有渴求、委屈、寻求安慰、倔强不从的经历和感受。这儿所说的"移情"作用，正是指这些经历和感受的重现。每个成年来访者心中，都住着这样一个孩子。在治疗关系中，这个孩子又被"唤醒"了。

在"反移情"作用中，治疗师也认识到了自己和自己心里的"孩子"，并将他和移情到他身上的来访者的孩童感受进行对比。由此，他更好地感知了自己，也得以正确看待来访者和他们的特点。

所以，这是我和来访者之间的故事。虽然我很想将整个治疗场景拿出来分享，但最后还是决定截取一个意义非凡的片段，用它来论述亲密关系和性暴力中的某个方面。

虽然治疗过程看来复杂，但我的论述其实十分简单。我特意选择了开放式的结尾，好让读者们也参与其中，一同进行体验和参与，在情感上为它划定界限，并反复斟酌自己的观点。

在处理与性暴力相关的病例时，我尤为注重治疗的动力，也即治疗发生的氛围。这在常规的案例描述和心理描写中，往往遭到轻视乃至忽略。在我看来，常规的案例报告在遇到无法理解的问题时，往往过于强调匿名性和独立性，主张把一切分割看待。

随之而来的分析治疗，或许可以帮助我们描述和理解问题，勾画心理经历和心理行为的模式，但在整个治疗过程中，它与来访者的亲身经历存在距离,往往在真实过程发生之后才起到马后炮的作用!

人们由此陷入困境!

治疗过程就像一条河流。一个人可以化身河中,随着流水涌向大海,以达到描绘这条河流的目的。在这个过程中,他同时扮演了多个角色:河水、河岸、湍流、时而变宽时而变窄的河床等。

我希望借助治疗故事,进入一个中间地带,并将它描述清楚。我想和来访者一道进入神秘的领域,和他一道体验那儿的未知、刺激、兴奋乃至令人迷惘的无聊。随后,我将描述这一人类生活中间地带的状况。

也就是说,我们要一起还原经历,参与体验,共同创造!

在我看来,作为一个自我理解和自我创造的过程,以上这一循环需要一种新的(科学的、优雅的)表达方式:

那就是治疗故事!

它将过去和未来联系在了一起。它在帮助我们理解过去经历的同时,也创造了新的经历,并对来访者和我产生了影响。可以说,它创造了一种新的治疗情境。

一些来访者对治疗故事的反馈,也证实了我的猜测:这些故事对他们有着积极的影响。他们可能会对此作出反应,提出反对意见、补充情节内容或禁止此文发表;当然,有些人还会把自己当作特别的事物进行体验,产生尴尬、骄傲、幸福或被人窥视的感觉。

这也正是我的初衷!我想从心理层面“实事求是”地呈现治疗情境和治疗关系,而不是示范治疗该如何进行。但这还不是全部!

我之所以强调治疗过程中的人际关系,强调其中所发生的一切具有独特性,其实与我所尊崇的价值观不无关系。在我看来,在对性侵受害者进行治疗时,践行这一价值观十分必要。

它触及人性的本质,直击灵魂深处。它使得来访者可以察觉自己,感知自己,表达自己的想法,受到他人的关注、尊重和敬佩。

这也是一个人应得的待遇!

同时,我也有个略显自私的想法,希望通过治疗故事形成一个闭环,将整个治疗过程和特定的治疗片段都包含在内,并在此基础上进行反思和情绪调整，从而获得继续下去的勇气。

现在，再让我回到现实之中，回归日常的心理治疗。治疗故事也正确反映了许多同行的业务实践：

人们所面对的诸多印象、记忆、经历和案例，通常只基于来访者本人的一番印象。那我们为何要付出百般努力，把一切做得那么细致和准确呢！

毕竟，人生和人际关系错综复杂，很难捉摸透彻。描述现有的观察结果，就像写一本菜谱：为了做出可口的饭菜，其中当然有食谱、食材搭配建议以及恰当添加各种调料的建议。

但是，菜谱毕竟不等同于厨房！真要下厨锻炼厨艺，我必须亲自品尝各式菜肴，学会闻它的味道。心理治疗也是一样。

虽然我也在治疗中做笔记，但依然只能明确一部分治疗内容。许多内容遭到遗忘，变得不那么重要，或是在记录的过程中遭到另一些联想的羁绊，最终不知所踪。

我的这些笔记和回忆，本身也没有固定的形式。它们很难被人理解，也并不能反映复杂的现实——属于我们的现实。

整个治疗过程也是一样。在从一次谈话过渡到下一次谈话的过程中，仅有一小部分内容被保留了下来。许多事物在两次谈话之间被遗忘，或是消失在了来访者的日常生活之中。

在我看来，这种情况也是正常的。并不是所有事情都能被回忆起来。我更关注的是一个人究竟记住了什么，又遗忘了什么，以及这些内容如何影响下一次治疗谈话。真正重要和有意义的东西，肯定会在合适的时候再次重现。

在亚历山大·罗温(Alexander Lowen)看来，如果心理治疗能让人过上了有意识、有意义、充盈的生活，那它一定是现在的生活。但这一切该如何用言语描述呢？生活机能的改善、行为的改变及由此带来的幸福表情，以及优雅的举止和声嘶力竭的呼喊所带给人的震撼，又该如何用言语来表达呢？

言语也是面具！

众所周知,生活错综复杂,充满了各种各样的相互影响和经历。通常情况下,它们无法被理解,无法被认知,也不受外界影响。所以,我们在十多岁时才能完全掌握快跑的技能。

在持续多年的复杂经历中,只有大约二十个方面的内容是可以被回忆起来的。

这还没完:在某个特定的方面施加影响,可能会引起一连串无法被理解也不受控制的副作用。

尽管如此,我依然不为所动:我想要理解这一过程,并进行治疗!

最后再说一点:脑生理学的研究,也印证了我对回忆工作和回忆感受的看法。人们所说的“回忆”,指的是各种经历在大脑中的复杂联系。它们可以重新被唤起,具有意义,也是现实存在的证据。

但是,只有当脑干中传来刺激时,大脑中才会产生联系。

所以,一切依然与联系和刺激相关。

在这一背景下,我对性暴力受害者进行了研究。一方面,我必须与回忆、感受和刺激打交道。另一方面,我也在探索如何从一位学者和心理治疗师的角度,在言语层面复述这一切。

最后,我选择了治疗故事。这个选择,意味着我也将对自己所受到的刺激直言不讳。

羞耻感和负罪感

心理治疗是一个旷日持久、充满痛苦但又使人得到解放的发展过程，是两个人之间的相遇。在身心治疗中，我们试图让来访者感知自身的能量和身体的紧张，体验屏住呼吸的感受。我们希望激活他们身上原始的一面，让他们像儿童般无忧无虑、活力无限，从而达到消除内心矛盾的目的。他们将重新体验自己的身体，把它作为活力和生活乐趣的来源，作为自我的基础和表现，并以此实现个人的满足。

治疗过程百费周折，对来访者的日常生活却影响甚微，这样的情况并不罕见。我们在治疗中利用移情关系，调动来访者的身体能量，这或许能在当次谈话中取得收效，甚至能在治疗关系中起一段时间的作用，但却无法影响和改变来访者在家庭和职业中的生活感受和生活规划。

这些来访者一直希望取得进展，希望和治疗师保持“良好的关系”。他们清楚治疗的必要性，也能感受到痛苦所带来的压力。他们认为自己体力充沛，具有承受力。

但他们却为从前获得的羞耻感所困扰，始终不知满足！

他们把心理治疗理解成帮助他们实现个人发展和个人转变的支撑和力量，但这恰恰给他们带去了新的折磨。这种重复出现的生存经历，可以一直追溯到最初的童年时期。

“这样还不够。你必须变得与众不同！”

对这些人而言，心理治疗是不是一场危机，一种禁忌症？

我即将介绍的这个女子，在童年之初就被要求“与众不同”。当时，她可能还不会说话。她的情感处于分裂状态，完全受人摆布，所以与之相关的感受尚未使她的心灵发生错乱。

她被迫接受父母的爱，甚至为此压抑了愤怒和憎恨，不能表达自己的感受。为了继续获得别人的关注，她必须努力控制自己，努力让自己做得足够好。她成功地做到了一切，甚至还能完成颇有难度的任务，和其他受性暴力所害的女子推心置腹。

她能无微不至地关怀别人，却无法感知自己，这的确是一件令人羞耻的事情。要知道，那些女子的境况其实和她相似。

心理治疗要想取得成功，必须先让这位女子意识到自己一直拒绝承认的羞耻感，继而感知到隐藏在其背后的自我怀疑，让她感受到自己的绝望、眼泪和憎恨。这一切，必须有一个可以触及的见证者在场。必须有一个人在她面前，使她意识到自己的记忆缺失。

这位女子和我之间的身体相遇，是一个无声的过程。由此带来的亲密感，是我们两人所未知和陌生的，无法从心理和分析的角度予以诠释。我冒着风险，在未经允许的情况下触碰了她，希望借此深入她的内心。虽然最初一开始，我其实并不懂她，甚至也会担心让她受到惊吓。

这一次越界行动，是我们双方共同的努力。它是必要的，因为只有这样才能打开那扇痛苦的大门，触及她受伤的羞耻之心。有头脑清醒的我伴随左右，这一切都是绝对安全的。

最后，接触发展成了行动——一次受指引的行动。

一次自我的行动！

以下的这一幕，在日常治疗中再常见不过！一组团体咨询的来访者。其中一个人病了。头痛，还伴有感冒。这次小组治疗持续五天。这场活动在一个地处偏僻的冥想中心进行。它的目的，是通过私密的接触，让来访者学会感知自己身体，体验集体氛围。

一位女士远远地坐在我的左手边，一直沉默不语。我望着她饱满的额头和消瘦的身体，想着她刚才形容自己头痛欲裂的寥寥数语。

安全的空间和浓郁的集体氛围，使每个人都可以找到自己的节奏和方式——尤其是打开话题的方式。

据她自述，她目前单身，有三个孩子，两女一男。她的工作是为受性暴力困扰的大学生提供咨询。

她被工作和家庭生活折磨得筋疲力尽，直至精神涣散！

她曾接受过长达六年的单独治疗，本应对生物能量分析以及身体治疗有所了解。这种方法源于精神分析，它将身体纳入了诊断和治疗实践之中。但在一段时间后，当时的治疗师仅仅把经历花在维护治疗关系上，却没有进行身体治疗。

这未尝不是一件坏事！

因为她也知道自己有着歇斯底里的一面，用我们的行话来说是有着极强的虚荣心。这位年轻女子一直竭力避免深入的个人体验，并不惜因此表现得烦躁不安。她拒绝和他人产生联系，坚决抵制一切复杂的身体体验。这一切原因不详。实际上，她心里有与人接触的渴望，但最后又竭力克制住了自己。

这也使得我们有充分的理由，小心谨慎地推进身体治疗，好让这位年轻女子有意识地体验这一切，达到收心自省的效果。这样，她才不会被突然涌现的感受吓到。

这一切都无比正确。但这番专业、可靠的话从她本人口中娓娓道来，不免让我感到惊讶。我一面听着这番话，品味着它的含义，一面望着眼前这位以一种奇特的姿势蜷缩着坐在我面前的女子。她看上去安静、保守，又像是沉浸在自己的世界之中。

第二天：

她终于觉得好些了！她开始露出笑容，也开口讲起了自己的故事。她自信却内敛的表现，引起了整个小组的关注。

这一天的小组工作，依然围绕大脑及其与其他身体部位的相互关系进行，讨论控制、感受和体验之间的关系，研究坚持和放手。这一切，都是寻常的治疗内容。

许多参与者分享了他们生活中的故事。最后，他们想要放松一下，用他们的话说，做点“舒服”的事情。我乘机让他们两两结成一组，做一些需要身体和情感支持的身体运动。

一个人仰卧在地，另一个坐在地上托住他的头部，小心地转动前者的头。他的引导动作必须十分缓慢，从而不至于引发前者的抗拒。同样，坐着的人也能感受到躺倒之人颈部传来的反向引导力。

对两者而言，这都应该是一场放松、舒适、有助于消除疲劳的相遇。

外头天色已黑。有几对参与者在窃窃私语，另一些人安静地靠墙坐定，凝神思考。

这时，我听见了那位单身母亲沉重的呼吸声和呻吟声。她耷拉着脑袋，饱满的额头几乎压倒了眉毛，正使劲调整着呼吸。她的双脚来回抽搐，瘫坐在地。我还从没见过这般错位、僵硬的关节，它既无法着地，也几乎不连接身体。这样的一双脚，究竟是怎么支撑起这个女人的呢？我不禁在心里犯起了嘀咕。它究竟如何促使这个身体以如此冷漠的方式进行抵抗？！

同伴按住了她的双脚。她一动不动地躺在垫子上，不停夸张地喘着粗气。看来是因为害怕。仿佛心里有一股莫名的力量促使她那么做。一切都像无意识般发生，不受她左右，也无法被修正。

她双手掩面，像是在压抑着无声的痛苦，所以不想以面示人！

“这样挺好，你们继续。”她先是表现出抗拒，一阵犹豫后又像一个小姑娘一样开心地说：“有你留在这儿正好。”

我坐到他俩身边，一言未发，也没有采取任何干预措施。我打起精神，有意识地盯着她的眼睛。在这一刻，我庆幸自己对她的生活史和她所面临的问题一无所知，所以也不会受到干扰。我特意允许这种未知的存在，因为这样不会对我造成负担。我以自己的在场和对她的关心，向她发出无声的邀请，邀请她与我一道进行深入的体验。那将是我们两人共同的体验。

这位年轻的母亲躲开了我的目光，就许多事情责怪起自己。她说，自己在孩子的问题上一无是处。她的儿子即将满七岁，她从孩子生父那儿夺来了抚养权。她实在没法再跟这个男人继续生活下去。“可这孩子如果没有父亲，最后会成为什么样的人啊！”接着，她又抱怨自己暴饮暴食。她常在半夜起身，吃空半个冰箱，随后又把吃的东西都吐出来。在夜幕的笼罩下，她独自一人在厨房里待着。孩子们都熟睡了，只有她蹲坐在厨房的桌子前。

她的夸张和拘束，都源于那种再熟悉不过的负罪感。

她几乎不敢谈论这些。她为自己有这样的感受又无法掌控自己的生活而感到羞耻。假如没有孤独带给她无助，她其实过得挺好。可她却无法对自己的生活感到满意，也无力抵御那种负罪感。她无法在与他人的交往中获得自信，将负罪感排除在自身之外。

我想象着这位年轻母亲的日常生活，也想到了自己的妻子、孩子和日常面临的考验：工作，抚养子女，家庭责任，个人兴趣等。有那么一刻，我几乎不能分辨自己究竟是作为一名心理治疗师、一个男人还是一位父亲坐在这儿。或许每个人的境况都是如此吧，我默默地想。

我就在那儿，随时可被触及，鼓励这位女士努力做自己。只有通过这场勇气的考验，她才能感受到真实的生活。就在我们相遇的这一刻！此时此地。在进行深入分析和病史加工之前，我们已经用无声的方式达成了这项约定。

我如释重负地叹了一口气！从中她肯定也能感受到一个男人在获得允许之后的宽慰。

除了本章开头所述的那些内容，我对她最新的生活状况再无更多了解。我对她的父母一无所知，也不知道她在童年有过什么样的遭遇。而且：

这样轻而易举地实现了与她的沟通，未免让我有些自鸣得意。

直到我在最后触摸了她的双脚！她的脚依然以奇特的方式错位放置，看上去完全不像她的上身那般放松自如。虽然这样做有些放肆，但凭借我的生物能量知识和由此得出的治疗建议，我小心地伸手握住她的脚踝，想要给她一些温暖，使她有意识地经历这一切。

要是我没有那么做该多好！她绷紧了双腿，两个膝盖夹得更紧，脑袋转向一边。双眼紧闭，脸上露出厌恶的神情。

我做得有些过分了！

我未经允许，也没有向她解释，就闯入了她的私密领域。因为在我的认识里，治疗师应该触摸错位的双脚，好让它和其余的身体部位结合成一个整体。

我愧不敢言！她不愿被触摸，而我却无视了这一点，我为此感到羞愧。

我未经许可，就伸手触摸了她，希望以此让治疗迅速见效。我为此感到羞耻。

我坐在原地，望着躺在我面前的这个女人。她没有说话，保持安静，但也时刻警觉。

她在沉默中努力恢复平静，又伸出双手遮住脸。

我为这一突如其来的干扰，为未经允许就进入了她的私密领域道歉。我只用了寥寥数语，因为我实际上根本没觉得自己有罪。

我仿佛体验到了这位年轻母亲最熟悉的一幕。我猜，那是一种羞耻感，是对私密领域的侵犯，它无法用言语来表达，却贯穿了这个年轻女人的一生。她小心地把受过的伤隐藏在一举一动之后，用繁忙的日常生活、忙碌的工作和母亲的责任来掩饰这一切。这些活动，都是为了得到满足。

这一切，都是为了不去感受那种羞耻！

第二天，我们终于完成了彼此的相遇。在没有言语交流、没有更多生活史信息的情况下，我们以充满渴求的方式，相互触摸了对方。

每个人都处在孤独和回忆的感受之中，但又真实地触碰着对方的身体。就在此时此地！

这位年轻的母亲，这位神学学者和咨询师，就那样躺在垫子上，双手伸向空中，仿佛想要温柔地拥抱某人。她张开的双臂，有意识地在未知的空间中寻求深入的身体体验。从表面上看，这是一双成年人的手在冥想中心的房间里挥动；实际上，这是一双孩童的手在失忆的灌木丛中探索。它在寻找一个人，一个所爱的人。虽然她不知道这个人究竟是谁，但在直接感受到我的触碰之后，她坚信自己找到了这个人。

她咬紧双唇，紧闭双眼，神色痛苦，无声地哭泣。她小心地控制着自己的呼吸，尽量不被人察觉。这个年轻的女人在折磨自己，而我却在不知不觉中出现在了她的身边。她折磨自己，是为了承受负罪感，使它得以缓和，从而重新隐藏自己的羞耻感和对母亲的憎恨。

那是不知满足的羞耻感！

她是一位母亲，一位职业女性，她为遭受性暴力的女子提供咨询，她想爱一个男人，想让一切都在她的掌控之中。

就像当初接受心理治疗那样！她完成了一切，体验了身体治疗，又接受了治疗师的建议，认真肃清了移情关系。这一切，都是为了在日常生活中更好地生活。

我轻轻触摸她伸向空中的手臂和双手。她的呼吸在加重，她的胸口开始起伏，她手臂上的肌肉开始颤抖。她颤抖的面容，再也无法掩饰她的激动、抗拒以及复杂的感受。

我收回手。过了一会儿，我把自己的头小心地塞到她张开的双手之间，直到她的手触及我的头发。我的动作极其小心，因为这会让人感受到另一个人的存在。

在沉默中，我有些感伤地想起了自己从前躺着触摸督导分析师头发的一幕。在那次相遇中，防御的堤坝打开了缺口，难以束缚的欲望像洪水般涌出。我一边有意识地触碰着他的头发，一边感知着记忆中的人物，虽然他们的容貌并不一定那么清晰。

那就像一次庄重的行动，一次偶遇的仪式。伴随着孤独的感受和渴望的痛苦，我们与他人产生了联系。这种感受无比深刻，源源不断。

那是不被允许的！

当时，在这种体验之下，我的双臂就像没有生命一般，失去了知觉。它无法触摸，无法抓握，也无法拥抱。

而我这次的触摸依然未经允许！

我对这个女子依然所知甚少，但我却离她那么近。我们的人生轨迹交汇在了一起，我们的相遇在灵魂的沙滩上留下了痕迹。

和我的督导师大卫・坎普贝尔的相遇，依然是一段美好的回忆。他论述羞耻感这一话题的方式，简单、细致但却坚定。随后，他通过动作引导，使我获得了做自己的感觉。

伴随着这番回忆,我把自己的头移开,小心地用指尖触碰着这个年轻女子的双肘,将她的双手合在了一起,好让它们在无尽的虚无中感受到对方的存在。

这个女人大喊了一声,从中我能听出她的痛苦,也能听出这种触碰在她看来有多么不可思议。

自己触摸自己。

借助我的触摸以及我的引导。

整个小组又重新围坐在一起,讨论羞耻感、罪恶感和自我逃避等话题。众人都说自己过得不错,正努力让一切步入正轨。在这个过程中,他们恰恰忽略了自己！这个年轻的母亲坐在她常坐的位置凝神听讲。她的眼睛闪烁着光芒,朝着说话人的方向望去。

“行了,继续吧!”她又用言语把无声的要求重复了一遍。但我却想暂时把她放到一边。

“我实在是有些吃不消了。”

我撤回自己的目光,留给她恬静和幽默的印象,于是最后说了一句:

“我们都看到你的表现了！非常好!

“你做到了,你成功地感受到了自己!”

当皮肤因触摸而灼热……或是，为痊愈感到羞耻？

研究性暴力和亲密关系，必然要面对自我贬低的过程。今天，如果有人在与伴侣相处的过程中倾注爱和尊重，也必然会受到它的影响；仿佛人们从儿时就渴望的东西，恰恰是不被允许的。

自我贬低拥有一股毁灭性的力量，它会蒙蔽人们的自我认识，将个人经历蒙上阴影，使人际关系在不经意间面临严峻的考验。

“他还会爱我吗?”继续得到的爱，反倒会被视作自己一文不值的证据。

“他怎么会爱我呢？我什么都不值。”

这般蒙羞的人，经历了一个从受到侮辱、受到伤害、感到恶心、再到性屈服的过程。这个过程漫长而又痛苦，就像在两个世界之间不停挣扎：一面是绝望的、为她所抗拒的世界，但她希望在这儿得到重视；而在另一个世界中，她却一直被他人所虐待。

正如接下来这个治疗故事的主人公一样，这类女人一旦被人所爱，就会像着了魔一般产生一股内在的冲动，想要摧毁自己所拥有的一切，直至让那个爱她的男子明白，自己永远都无法和他相配。

这一切，都是在贬低自己！

说到“当年和祖父之间的意外”，即那场可能发生了的性侵，母亲开始避而不谈；姐姐把她视作敌人，对她充满敌意；所以，她刻意选择了一个男子，希望从他那儿得到治疗。

这位年轻女子有着一种令人难以想象的状态，仿佛生活在情感的真空之中；用她自己的话来说，一旦被人触碰，浑身就像被火烧着了一般。所以，在男友突如其来的示爱面前，她的欲望瞬间被点燃。

“当时我整个人都被烧灼了。”

她在这一过程中感受到的灼热和激情，使她迷失了自我，早早地落入了那群恶心的男人手中，对他们产生了性依赖。

但这也是她自己的渴求、性欲和激情的表现！

在接受身体治疗的过程中，她被我——一个男子看见了身体。这先是让她看到羞愧，但也给了她力量和自信，使她开始相信自己的直觉和感受，相信自己的魅力，直至注意到自己。

她给我看了一幅她作的画：一个血红的球占满了整个画面。没有流畅的层次过渡，只有一团灼热的火焰在黑色的厚框中燃烧。

这一无声的证据，给人留下了深刻的印象。她想借这幅画告诉我：“这或许就是我灼热的仇恨。它想爆发，却不被允许那么做！”

她用刺眼的深红色完成了这幅画。画的中间是一团熊熊燃烧的火焰，在最底部还有一团火。用她自己的话说，那儿就是地狱，是一团血泊！

她说，自己已经受够了，所以要开始反抗。这样的生活无法再继续。

她感到恐慌，觉得自己面临威胁。无论是在黑暗中、开车时、家中，还是在睡觉时，情况都是如此。但她也知道，自己其实无需害怕任何东西。

“但这种感觉就在那儿！”

她深受严重的呼吸困难、身体颤抖、膝盖无力困扰，总会莫名感到不安，并伴有眩晕感。她说，自己总能感受到一种类似于休克的状态。吃饭可能会被呛到，并产生一种死亡的感觉；她担心自己被卡在电梯里；她常做噩梦，并在惊恐中醒来。

“我梦见有一个心理不正常的男人发了疯，想要谋杀我或我的儿子。”

“我还清晰地记着，有次我梦见儿子在车祸中受了伤，妈妈抱着他，浑身是血地朝我走来。”

坐在我面前的是一个身材高挑、颇有吸引力的女人。她想摆脱这种害怕、受惊和恐怖的感觉。她无法回忆起儿时的细节，却在不经意间坚决地控制着自己的感受和身体。

在我面前，她看上去一切正常，但我能感觉到她心中熊熊燃烧的火焰和那隐藏在心灵深处的地狱。同样，她的灵魂也有破碎的危险。

“爸爸酗酒，妈妈掌控整个家庭。家里虽然一片和平，但却暗潮涌动！”

她一说起来，就滔滔不绝，停不下来。她遭受束缚的内心，想要像一只鸟儿一样飞翔。飞到远方！

逃离这儿！

从前，她习惯于逃到教堂做弥撒。自从进入青春期以来，就一直如此。她必须忍受自己所厌恶的事情，才能换来进入绚丽多彩的幻想王国的机会。

“我想要独立，想要离开。结果却遭到他的殴打和羞辱。我依赖他，虽然感到恶心，但却对他言听计从。”

他是一个四处卖艺的人，对她有着一股神秘的吸引力。她总跑去找他。还是说她其实只想逃离自己的家？

这位年轻的女子想要摆脱这个可怕的秘密，不想再承受恐慌。她知道这次心理治疗是和一位“男性”心理治疗师保持治疗关系，对她有多么重要。但当我做出出乎她意料的举动时，她依然瞪大了眼睛，像是受到了极大的惊吓。她有着清晰的界限，对于可能的侵犯有着很强的防备心理。她像是在进行一次绝望的尝试，想要存活下来，实现救赎。

“六岁时，我常常在晚上跑进浴室，感受自己的心跳。如果父母晚上不在百叶窗上留出一道缝隙，那我怕是得昏死过去。

“我必须看到亮光！”

她生活在两个世界之间，外部的世界看上去井井有条，内部的世界一片混乱。她一直在善与恶之间挣扎，这耗尽了她的精力，使她对他人产生依赖和顺从，却也同时感到厌恶。这也引发了她的恐慌和害怕。

这既对她内心中的“恶”具有约束力，又激发了更多的“恶”。她觉得自己特别可恶，不受人喜欢，遭人排斥，“浑身灼热”。

而且，她因自尊受损而变得易怒，她想要暴打她的男友，对遇到的一切人和事百般诋毁。

她不想被爱吗？

她说，偏头痛就是对自己的惩罚，是侵入身体之内的“性高潮”。忐忑的心情，爆发的恐惧，脑袋和胸口所感受到的束缚都令她烦躁不安、易受刺激。她经常和自己的男友产生争执，“逮到机会就兴风作浪”，借题发挥，大发脾气。在她眼里，他做什么都不对，因为她会颠倒黑白，想方设法地责骂他。贬低他！

其实也是在贬低自己！

有一次，他出其不意地抱住并亲吻了她。可她的反应，却是将他暴打了一顿。

就在几秒钟后，她突然像着了魔一般，感受到了不断涌来的偏头痛。

“我知道为什么。我有那种神奇的感受，并很享受它。这就是我对自己的惩罚。”

她无所不知，却依然任由一切发生。她追问其中的原因，却找不到令人满意的答案。记忆的碎片最终只能将她引向模糊的猜测；她耸耸肩，对这些猜测不置可否。

她无法将自己与他人区别开来。她努力满足别人的期待，却总是在逃避自己。甚至是忘记自己！

一旦找到原因，她会在一段时间里理解自己的行为和遭遇。但很快她又失去了控制，忍不住进行反抗。即便只是那种“灼热”的感觉，也会让她情绪爆发，言辞激烈，无视一切。更多的画面、信息、回忆和生活细节，只会进一步撼动她原本摇摇欲坠的自我价值观，却不会让她得到解脱。

这一切完全不留情面，不留余地，也毫无征兆！

可以说，从她极端情绪化和极具毁灭性的抵抗中，我们不难推断这些信息和回忆的真实程度。个人的真实经历，没能成为真实的回忆，却成了冲动的感受。但与此同时，一股强烈的负罪感也以自我贬低的方式，阻止她进行反抗。

就像那幅画中，把熊熊燃烧的火球和沸腾的地狱包围在内的黑框。

她知道，从前肯定发生过什么不好的事情。她的姐姐声称自己曾遭祖父性侵。就连父母也怀疑，"在两个女孩和祖父之间，曾经发生过什么"。父亲曾在地下室里看见祖父系紧裤腰带，当时两个女孩也在场。

但父亲却以这是荒唐的怀疑，否认了性侵的存在。

母亲虽然没有继续表示疑问，却说自己曾发现女儿的阴道有创伤，可能是尿布太湿导致真菌感染造成的。

这些迹象和回忆，是否有足够的说服力？这番在记忆中的搜寻，是否会促使姐妹之间展开交流，乃至让她们征询母亲的意见？

情况并非如此。

两姐妹相互疏远，甚至开始冷战。姐姐原本在一位男心理治疗师那儿接受治疗，后来却坚决不再和他打交道，转而向一位女心理治疗师求助。她禁止在我这儿接受治疗的妹妹把这一情况告诉母亲。后来，母亲还是通过妹妹得知了这一情况。从此，她对妹妹恨得咬牙切齿，与她断绝了姐妹关系。

就这样，我的来访者曾一度在自己家中受到孤立，甚至是被人憎恨和唾弃。可以说，她一点都感受不到家庭的温暖。

也一点都感受不到女性家庭成员之间的团结。

"您是一位男性治疗师。我之所以来您这儿，是因为您能让我感到安全和舒适，值得我信任。我希望您能直言不讳，和我站在一起。"

我知道我们之间的关系对这位年轻女子来说多么弥足珍贵。她一直努力在回忆，而我想知道当时究竟发生了什么，又不想像侦探那样冷漠地寻找证据。我知道，一旦找到这段记忆和那些细节，她的紧张情绪要么会减弱，要么会爆发。这种情况，绝不会因莽撞地回忆细节而发生改变。而且它也无法发生改变，因为紧张的激烈程度只会不断增加。

这位年轻女士乐于和我这个男性治疗师打交道。“我希望，您能忍受我这个人和我的感受！”

我还清楚地记得，在治疗开始时，她主动要求接受身体治疗，希望利用自己的身体能量。但我也记得，当我宣布可以进入身体治疗环节时，她也依旧表现出恐惧和害怕。她像受惊一般呆坐在椅子上，迅速扭动着身体，目不转睛地盯着我，眼神中满是抗拒。我不能跟她靠得太近！

现在我知道，三件事物影响了这位女子的现状：其一是模糊的记忆和回忆的猜测；其二是无比强烈的情绪；其三是我们之间的关系，它既可以包容和允许一切，又会阻止一切。

在我看来，光凭回忆和生活史中遭到性侵的证据，还不足以让她产生“灼热”的情感，使她获得那种模糊和“不受控制”的体验。这还不够！

我担心，一些记忆的碎片在还未被证实的情况下，就过早地引发了某些特定的感受。这使得我的来访者觉得自己必须具有某些感受：被性侵的人，必须离群索居，必须感到恶心和愤怒，必须留下后遗症，心中必须充满愤怒。凡此种种，不一而足。

这位年轻女子的境况和遭遇，使得我必须和她一道探索有意识的回忆和清晰的感受之间的中间地带。这样的探索，往往会陷入尴尬的境地，引领她进入不熟悉的领域。

她无法做出清晰的回忆，也不能说出相应的感受；或者说，她在内心里不允许这种感受的出现。所以，她要么描述一些画面和想法，要么只会感到恐慌和恶心，却不能将这类感受与具体的人或回忆画面联系在一起。在记忆和感受之间进行切换时，无论是从记忆进入感受，还是反过来，她都无法找出两者之间的联系。她缺乏足够的自信，也很难忍受自己！以及忍受她的记忆和感受。

她处于一种无法触碰的状态，一旦被人触摸，就会像那幅画中的火球一样，开始燃烧。

她的男友提醒她世上还有爱存在，告诉她“大爱无疆”，却引发了她内心的抗拒。虽然她猜测自己反对的只是父母的虚情假意和伪善，但她的抗拒却延伸到了男友——那个爱她也为她所爱的人身上。

她在绝望和颤抖之中，讲述着自己的怀疑——她越来越觉得自己曾遭受性侵。“我不明白那件事，因为我没有记忆，但它十有八九发生了。”

她清楚男友对她的爱，何况这份爱还那么“炙热”。她想对此作出回应，想要在绝望之中拥抱他，被他拥抱。

“可这时候，我的皮肤却开始燃烧！”

内心燃烧的火焰和皮肤被触摸时灼热的感觉，使她变得病态，以至于早早和男人发生了性关系。这期间，她被迫堕胎，对男人产生性依赖，遭到性虐待，患上了严重的痛经症，性情暴躁，欲求不满。

她的欲望无法得到满足！

这位年轻女子没有学会积极融入五味杂陈的世界。她所生活的世界，就是一场权力的游戏，只有失败者和胜利者。她在羞耻和罪责、羞耻和激情、回忆和感受之间挣扎。她也清楚自己的失败！

直到几个月后，她才承认：“或许我过于自大了，因为我根本不想和男友来往。”这种自大和受伤的尊严，是否能保护她免遭失败，使她不至于陷入无尽的沮丧，甚至走向自杀？

她肯定地说，自己想继续活下去。我们俩也都意识到，活下去并不意味着活在回忆之中，而应当去感受，去追求自我，去积极和他人打交道。一个人要能够控制自己，而不能任由恐惧和惊慌左右。显然，她没能原谅自己的消极，所以才不断地责骂自己，贬低自己。她学会了接受，既可以突然爆发、感到“灼热”、给人施压，也可以心怀感激地接受男友的爱。她开始积极地参与生活，不再感觉内心局促。她对自己有了清晰的认识，不再一心想消灭那些接近她的人。

我知道，对于治疗关系中的这一发展过程，自己必须有循序渐进但却清楚明了的认识。在这个过程中，我并不一定要做胜利者。

但从反移情中，我也感受到了自己的担心：我害怕自己陷得太深，伪装地太投入。甚至在这层关系中植入了微妙的依赖？

因为她一直强调说：“我一直想过着患病的日子。那是我熟悉的。

只有这样，我才能意识到自己的存在。”这是她的秘密，也是她所笃定的生活。

所以，她才会在遇到美好时，又将它摧毁。她既这样对待男人，也假借男人之手这样对待自己！

或许她也在这样利用我这个男治疗师？

她的一个梦切中了问题的要害：“我感觉心中燃起了一股罪恶的力量，它使得我完全不相信我的男友。最后，我甚至设想他躺在另一个女人的怀里。”

在梦中，男人的形象就这样被摧毁了。但这样做梦，其实也是在自我毁灭！是在把梦和现实混为一谈！但善与恶却是无法统一的。

表面看来，我们似乎可以这样维持过渡状态：我不使用任何特殊的治疗技术，只是和她一道去体验极度矛盾的感受和分裂的经历，而不提出任何要求。她不必做出改变，而我也不必屈从她那激烈的情绪和矛盾尖锐的感受。

我知道，自己不想被卷入神秘的漩涡，不想被她的（自我）贬低传染。我不断追问她的回忆，好跟她一块拼出生活史的版图，却不太相信它（具有迷惑性）的说服力。我更感兴趣的是这位年轻女子如何在身体层面与我打交道。我在搜寻着信号，由她发出的身体信号。

这是不是意味着身体治疗的开始，意味着她开始冒险，开始挑战自己的恐惧？我会吓到她，还是在她因矛盾的经历感到绝望和孤独时，给予她帮助？

我告诉了她我的怀疑，却从她那儿得到了肯定的答案。实际上，身体经历在传递身体信号的同时，不会对它逐一作出评判。这让她感到欣慰。迄今为止，她的身体一直是一个充满负罪感的“未知领域”。它分裂，低贱，遭人嫌弃。不知何时，它突然像一个阴影一样，从虚无之中浮出水面。这一切，让她羞愧难当。她不敢把自己展示给别人，不敢感受自己，也无法忍受自己。

“在做身体练习时，在展示我的身体、被您注视时，我感到羞愧。因为我感觉到您就在我身边，也感受到了自己的情感和身体。”

她是不是因为对自己的身体感到羞愧，才害怕痊愈？她说，在被人触碰时，她的皮肤都灼烧了起来。这种灼烧感，是不是她在外界面前无地自容的表现？是不是反映了她高度分裂、无法得到满足的激情？我对此颇为肯定，所以鼓励她继续接受身体治疗。她像换了个人，不再像一个群众演员那样注视着（家里）成年人罪恶的游戏。她变得劲头十足，神采绽放，兴致勃勃。

有一次，我建议她用双手拧毛巾，以放松肩部和胸部，激发积压在此的怒火和恐惧。她笑着对我说出了一番我期待已久的话："如果我们两个人一起拧毛巾，一人一头，就算我想停止也得继续，那我会感到害怕。我害怕我们会继续接近对方，害怕自己没法再回避您。这是我所不愿看到的！"

她身体活跃，与我保持互动，也敢于主动施加影响。她愿意与我一道进行身体探索，并由此感到宽慰。

"但我现在依然感到羞愧！我不知道为什么，不过我还是有意识地和自己保持了联系，把自己展露给了别人。"

她清楚地知晓这种由性欲引发的身体羞耻感。这种感觉，来自满怀着欲望和激情被人注视的瞬间，来自男友让她感到幸福的拥抱。

"幸好我们不再说话了！"

她对我报以由衷的微笑，算是同意以这种方式继续。

在接下来的几次谈话中，我们进行了身体探索，并在角色扮演中体验了距离的远近，感受了她的恐惧、局促感、迷茫，当然还有欣慰和自信。这一切清楚地表明，她在内心中其实完全没有方向。闭上眼后，她完全感觉不出远近之别。一闭上眼，她就失去了空间感，并在情感上乱作一团，直到睁开眼后才恢复正常。

这时，我们已经学会了相信她的力量和我的信念。通过不同的身体练习，我们在身体治疗中加深和细化了我们的治疗关系。

有了关系，就有了感受。有了感受，就有了记忆。这一切，不一定要借助语言。

但这一切都真实可靠。

一切都与她相关。她能感受到这一点，也清楚地知晓这一点。

最后，她问我是否可以推测她的问题究竟从何而来，判断它是否与儿时遭性侵有关！

“我当然可以这样推测，但我不想过早地作出这种判断，从而对您进行操控和诱导。”我坚定地对她说。她的确可能曾经遭受过性侵，我完全可以想象这一情况曾经出现。但把这一切当作她的回忆，当作她曾被性侵的证据，还为时过早。因为，被利用、被诱导、被操控乃至被性侵，也是性暴力的（后续）体验。

这位年轻的女士有着极强的恐惧感，却也有着锲而不舍的力量！对（可能的）性侵的探究，现在有了坚实有益的基础。也就是说：她开始相信自己的身体，开始具有细致的感受，能够承受正常的治疗关系，也确信别人可以“忍受”她。

对记忆的搜索和记忆的细节，这时已居于次要的位置。更为重要的是她的情绪，也就是（可能的）性侵所带来的心理动力。正是它，使得这个女人敢于和我这个男性治疗师接触，而不是继续疯狂地搜索着记忆。

我猜测，这位女士是刻意向一位男性治疗师求助的，虽然她本人可能也不清楚这一点。在面对可能的性侵时，她最先想到的是和姐姐、和母亲沟通，希望从女性的团结中获得慰藉，但最终的结果，却是遭到她们的拒绝和蔑视。

她的母亲想要隐瞒一切。当我的来访者试图把话题引向“和祖父的那件事”时，姐姐严厉地指责她，要与她划清界限。

“我宁愿告诉你祖父当年在地下室都对我们做了什么，也不会和妈妈谈论这些。”

替代身份：海德伦，26岁，被强暴！

许多女性对性暴力的叙述，由画面、回忆和猜测组成。她们的话，被当作事实，成为了给男性定罪的证据，也强化了她们作为女性的自我认识。

即便是极为模糊的记忆碎片，也往往未经筛查便成为了证据，甚至成了在法庭上审判某人的司法依据。现在，这种现象在美国也引发了激烈的讨论。在一批引起轰动的庭审案例中，“犯罪嫌疑人”成功地为自己进行了辩护。这样的新闻充斥着头条。

这样一来，我们是否不能再相信女性的自述了呢？这是否是她们编造的回忆？是具有心理暗示性的提问策略所造成的后果？

还是说这类庭审案例是男性的一种回应，是男人们“发起反攻”的一场战役？

我想借助对一位社会义工的治疗经历，说明自己对这类回忆半信半疑的原因。

我将展示如何在治疗中“认知、了解、理解”和“经历、感受”的矛盾之间作出取舍。这一矛盾就像一种无法摆脱的困境，反复陪伴在人们身边，扭曲着他们对性暴力真实性、过程和参与者的情感观察，左右着他们对真实外部世界和内心经历的区分。

谁的心灵如果陷入这种困境，就会将“其他恶人”和内心中“罪恶的自己”混为一体。

一方面，是实施性暴力的罪犯；另一方面，是自己内心中罪恶、自我唾弃的声音。

受人贬低也导致了自我贬低！后者又使得一个人进而受到他人的贬低！

接下来这个故事中的年轻女子，在回忆自己被性侵时，丝毫没有任何感受。她只感到羞愧和童年的屈辱，觉得受到一股神秘魔力的威胁，却对它的内容一无所知。

感受和理解，没能被结合在一起。现实只是没有情感的现实。感受成为了不幸的阴影，它盖住了现实，甚至直接将它遮蔽！

这一矛盾所引发的孤独感和徒劳感，可以用在治疗中与治疗师面对面的方式，得到补充和完善。如果治疗师被证明是真实的、可被触碰的，那现实也会变得真实可信，来访者也会更加重视自我。

要在感受中获得认识，这是一个不可或缺的前提条件。

如果一个人想仅靠画面、回忆和猜测实现自我救赎，想要独自评判画面的理性程度，那就会造成现实的歪曲和自我欺骗。如果感受、理解、经历和证据不能相互契合，那来访者就会产生一个新的（替代）身份：

“海德伦，26岁，被强暴！”

这样的事情发生过两次！她清晰地记得十岁时的经历。当时她在巴伐利亚生活，时常和同父异母的姐姐以及一些成年男子一起去酒吧过夜。有一次，姐姐突然不见了。她没留下任何消息，就不辞而别。那群喝醉酒的男人，怪声怪气地“玩弄”了她。当时，她不明白自己究竟经历了什么。她感到自己有罪。但在当时，这种罪恶感还仅仅和她喝的酒有关。

和姐姐一起，跟另外四个男人挤在一辆小汽车里回家，使她感到恶心，像是经历了一番折磨。她好像与姐姐和另外两个男人一起坐在后排，闻着他们身上难闻的味道，还被他们上下其手。被夹在中间的她，根本无处可逃。

回到家，其中一个男子继续“玩弄”她。奇怪的是，姐姐竟然也没在场。由于害怕，她最终把自己反锁在卫生间里，忧心忡忡地望向窗户。

她害怕那个男人会继续追踪她，从窗户闯入。

在治疗中和我谈及这一切时，她的眼里充满了恐惧。她的眼神在房间里游荡，仿佛在内心中又陷入了童年的场景，仿佛一切又重新变得鲜活。

有那么几秒钟，她突然一言不发地看向我。她叙述这一残酷的经历时，我一直冷静地听讲。她所叙述的事实，影响了面前这位女子的生活感受！

简直令人难以置信！

她一动不动地坐在那儿，继续着自己的叙述。“第二天我醒了。只是一个邪恶的梦。一切就像幽灵一样倏然消失。没有人谈论这些。我也没有。我绝不会再提起这些，因为我有罪。”

面前的这个女子，像是一个柔弱无助的小姑娘，却又有着十足的女人味。

后来，她又经常有被愚弄、被征服和被性利用的感觉。

在我看来，她就是一个天真无邪的小女孩，只是在内心中感受到了一个成年女子的欲望。她知道自己很幼稚，但又依然是那么无助，以至于陷入这段经历难以自拔。她遍体鳞伤，试图在无助中理解一切，掌控身体中沸腾的东西。

“但那几乎就没发生过。根本看不到任何损伤。”

她为何要在此时此刻告诉我这一切？这只是巧合吗？我不禁问自己。还是说，治疗在她心中引起了波澜，促使她道出了这番回忆？回忆以毫无情感的方式，勾勒出画面，描述起过程，并最终在负罪感这一毒药的作用下引发情感的分裂，直至在言语的包装下，传递出某种信息。

巧合的是，在某一次治疗开始时，她说上一次谈话让她颇为不安。两天后，她便出人意料地发病了，感到恶心、眩晕，并伴有痉挛性啼哭和发烧，甚至疑神疑鬼。急救医生没有诊断出任何疾病症状，就给她开了镇静剂。讲起这些事情时，她满脸通红，神色忧郁。

我还记得上次的谈话。她谈到了自己的绝望，以及不被他人重视时的憎恨。往往一些小事，就能让她大发雷霆，动手打自己的男友，冲他咆哮怒吼，直到最终情绪失控，不无讽刺地宣称："男人们根本就不爱我。他们只想利用我达到自己的目的！"

对于被喝得醉醺醺的男子触碰和性侮辱的经历，她记得一清二楚。但说起这些时，她没有流露出任何感情。

在日常生活中，熟人和朋友因为一些小事没有注意到她或不重视她，都会让她感到"屈辱"，直至在毫无征兆的情况下情绪爆发！这样的情形周而复始。她试图去理解这一切，但记忆却帮不上什么忙。

咔嚓！

"我梦见自己要被送进精神病院，不得不收拾牛仔裤和袜子。这显然是妈妈的主意。我想向父亲求助，可他却不在。

"我梦见自己的天灵盖被人撬开。我一边大喊'这儿缺了一块，保护我！'一边哭着朝母亲跑去。可她却无动于衷。"

这位年轻的女士惶恐不安，也无法理解这一切。但她知道，别人肯定对她做了什么。

这个梦是在祈求母亲的庇护吗？还是说，她深爱的父亲因从事装修工作，不得不出国数月，她的梦是在以委婉的方式表达自己的遗憾之情？

据她回忆，三到六岁时，还是小女孩的她喜欢在家里东躲西藏。有时躲在窗帘后头，有时躲在家具后头，只为不被人看见。她不知道自己为何要这么做，但知道这和某些不被允许的事情有关。

因为，她看见了不该看的事情。

那是一些陌生的男子。每次都是一张新面孔。他们来之前，母亲总会对她作一番训诫，叮嘱她不能进入卧室和客厅等。她甚至还威胁说："要是你不听话，我就送你去孤儿院！"

就这样，我们小心翼翼地开始探索那模糊的场景，甚至敢于作出幻想和猜测。这一切，自然都是在缺乏明确认识的情况下进行的！

当时，她常常蜷缩在被子里，以免被别人看见。母亲的指示，让她深感不安。

当时究竟发生了什么？母亲都跟那些男人做了什么？为什么会给

她定下这些规矩？

我虽猜测她母亲和那些男子发生了性关系，但着实不敢往这方面多想，毕竟我们没有证据。莫非这一切只是幻想？

“当时我一直清楚，外头肯定是发生了禁忌的事情。”

她因被隔离在外而感到恐惧，于是就藏在家具后头，目睹了一些事情，从而陷入了迷茫。她对此着迷，深陷其中，却不敢声张。在孤独的藏身之所，她目击了一些自己无法理解的事情，既得不到母亲的解释和帮助，也没有来自父亲的支持和开导。

这个小女孩在不经意间，不由自主地参与到了成年人的性事之中。她既受诱惑，又感到厌恶，更觉得孤立无援！

直到她哥哥在父亲去世之后，告诉她一个残酷的事实：“反正在我们家，每个人都有不同的爸爸！”

说起这些内容时，她一直低头望着地面。偶尔，她会犹豫地抬头看我一眼，随即羞愧地看向别处。显然，这段经历触及了过去和现在的边缘，是回忆、梦和幻想的交界点。她担心自己理解了事实，将会彻底疯掉。尽管如此，她依然想明白更多。看起来，她似乎是某种神秘情绪的牺牲品，这种情绪就像一团迷雾，一股旋流，将她卷入深渊。她越是努力想明白这一切，就陷得越深。这一内心中的现实，就像一间恐怖屋，让当时的她进退维谷。

她先是经历了没有情感的回忆，又在不被人重视时重复着绝望的挣扎。现在，她又身陷情感的漩涡，难以自拔。

她怀疑自己，质疑自己的感受和经历。她觉得自己愚笨、丑陋、懒惰、堕落，在内心里瞧不起自己。她无声地哭泣，直至屏住呼吸，又继续哽咽着讲起了儿时难以示人的经历。上小学时，老师当众斥责她，冲她咆哮，并拿东西砸她。一位阿姨不由分说地把她拖到理发店，叫人剪掉了她心爱的长发。

“她甚至连一声抱歉都没说。”她强调说。

在她和男生打架时，别人说她一文不值，因为女人是不会参与群殴的。进入青春期后，无论是在家里还是在游泳俱乐部里，她都因为在男生面前表现得幼稚无知而遭到责骂。对于别人口中的恋爱和仰慕，她其实一无所知。当时的她，只是想去游泳而已。

“当时我只想去游泳，根本不知道那些男生是怎么一回事，也不知道什么是调情。”

这种自卑和羞耻，成为了她个性的组成部分。如今，她一直妄自菲薄，甚至因此感到迷茫和痛苦，无法正视现实。她身陷其中，看不到出路。

好的一面，似乎已经与她的生活绝缘。

“你又坏又丑。不信的话，你就自己去照照镜子。”母亲这样贬低她说。由此带来的后果，是她无法在自己和他人、内心和外在之间作出选择。她把一切都归咎于自己，并不断地怀疑自己。她追问别人这么做的原因，想要明白这一切，最终却只能诉说着自己的绝望和无助。

最后，她告诉我自己陷入了一场残酷的游戏。她爱上了一个男子。结交没多久，那个男子就开始侮辱她，并以病态的方式掌控她的一切。他要求她停止到我这儿接受治疗，不允许她和其他男子说话，还命令她展示所有的通信。

在她绝望地跪伏于地、泣不成声之时，他又告诉她：我爱你！

这位女子瘫倒在我面前的样子，让我着实感到震惊。这个女人，已经失去了自控力；她生活在罪责之中，生怕被自己的男友发现。

“求您别给我打电话。要是他知道我来您这儿，肯定会痛打我的。”

我无法相信这个荒诞的故事，以及她儿时所经历的一切。我告诉她：如果一切真的如此，那她肯定已经和男友分手了。

她清楚地知晓自己的恐惧、麻木和自卑。她属于他，依赖他。

但我也发现，这个女子一直怀疑自己的感情和感受。她想把自己的状态和所受的刺激，都归咎于异常繁忙的日常生活。她说，自己必须工作，甚至周末也得加班，同时还要上学和参加考试。

但听到她说自己的男友嫉妒心极重，还时常暴打她时，我依然感到怀疑。既然如此，她为何不离开他呢？她已经成年了，学会了独立生活，也有自己的收入。想到这儿，我不禁有些后悔，以至于想收回对其男友的判断。我害怕由此闯入她真实的生活世界。

我不禁问自己：真相究竟如何？到底发生了什么？如何才能对她的情况作出可靠的判断？

就在这时，她又征询了我的意见，问我对她的问题、经历和生活有何看法。她觉得治疗让她变得强大、自信和放松，但她依然需要我以值得信赖的方式坐在她面前，让她可以看到我，触及我，以及被我注视！

虽然她在种种困难面前，依然把握住了自己的人生，但这种"罪恶的感受"，这种内心的自卑，仍然折磨着她。她生活在两个世界之中，虽然适应着生活，却无法获得满足。她无法获得内心的平静，也无法和世界和平相处。她无法在情感上区分外部现实、日常经历和接触到的人，因为她的感受一直是混乱的。一个神秘而封闭的世界，自童年起就一直陪伴在她左右。

于是她选择与我相对而坐！

她说，我能对她起到积极的作用。她信任我，愿意和我一道探索事实。我的反馈，不仅表达了我对一切的看法，也与她建立了稳定的关系。我没有让她耽于幻想，只是支持她，告诉她：生活是美好的。

我们通过共同的经历和理解，游走于内心与外界、过去和现在之间。这番跨越行动，帮助她摆脱了过于强烈的感受，从而将生活的经历变成了感受到的经历。

借助这层不受拘束、值得信赖的关系，她感受到了自己的价值和责任，明白了自己的需求，也摆脱了从前的自卑和自责。同时，她也感到放松，觉得自己有能力掌控生活。她实现了自我，学会了对纷繁芜杂的世界进行甄选。

这是她从前一直没有学会的。

我们又重新回顾了她迄今不变的家庭情况。之前，她说自己受到威胁，却难以解释这一切；感到自卑，并且这种自卑感不断重复，主宰着她的生活。

现在，一切都变了！

虽然我们依然就是否能找到威胁的来源争执不下，但治疗关系中的情感接触和逐渐产生的承受力，已经给了我们新的契机。

我说："这一发现，肯定会给您带去痛苦。但继续带着这个秘密生活，才是对情感和个性缺乏尊重的表现。"

迄今为止，我们尚未找到她长期自我鄙夷的原因。因为揭露这一切，可能会让她深陷绝望。处于这种家庭状况中的她，依然希望母亲爱着她。直面现状，就意味着看到自己努力成为徒劳。

揭露这一切，意味着告别内心的不成熟，意味着不再徒劳地把家庭视作肯定和尊重的来源，以自欺欺人的方式挽救破碎的家庭。从治疗中收获的自信，应当让她正视儿时的经历和感受。

这也是明辨善恶、区分你我的必要前提！只有这样，她才能摆脱绝望，告别自卑，意识到自己曾是性暴力的受害者。

认识和感受，缺一不可！

写完我们之间的故事后，我曾和她有过讨论。她认为，这是对她的一种肯定。

"这下，我真成了与众不同的人！"这种感觉，她还从未有过。

她给我讲述了和其他人谈论性暴力时的经历。在这方面，她有着清晰而接近事实的认识；但面对一些女性的自述，她仍会感到怀疑。直到读到本书的标题"欲望的禁令"之后，她才重拾信心，大胆地说出了自己的怀疑，从而成为了与那些女子不一样的人。

她开始做自己，感受自己！

她明白这个话题的敏感性，只是一直不敢鲜明地表达自己的态度。

"在我们那个咨询处，有个同事名叫海德伦。她说自己曾被强暴。每次跟人谈话，她都会先报出自己的姓名、年龄和曾被强暴的经过。

"就像掏出一张名片！

"后来，"她激动地说："别人都说她是个'活宝'。她可以为所欲为，可以到处嚷嚷，也可以随意发牢骚。但没过多久，就有人开始数落她了！"

我暗地里想，这是否就是那些被判决所拯救的人所拥有的受害者心理？而在另一方面，罪犯就该被钉在刑柱上，或是被扔到干柴堆上焚烧？

“我肯定遭遇过性暴力!”

一个人一旦在与他人谈论性暴力的过程中动了恻隐之心,感到震惊、愤怒、无语或激动,那对话中往往也会掺杂同情、自我回忆和情绪化的元素。

尤其是女性,往往会开始追问自己是否也曾遭遇性暴力。她们的感情和(设身处地的)经历,为这种未经求证的想法创造了便利。回顾受害儿童和女性经历时的感受,成为了她们相信自己也曾受害的证据。

甚至她们还会依稀记起什么。一切定当如此!

旁人越是怀疑,反倒越会加重她们的执念,甚至引起她们的愤怒。如果这个人碰巧有一个男人,那他可能会被当成罪魁祸首或是帮凶。

这反过来又给了她们新的理由,坚信自己的回忆,与他人划清界限。

设身处地的感受所引发的激动情绪,以及围绕这一话题展开的对话,又进一步巩固了她们的证据链。在治疗过程中,这往往会造成棘手的困难。尤其是在身为一个男子的我对所谓的“回忆”提出质疑,怀疑其真实性的时候!这甚至会危及治疗关系!

对受害者的同情,唤醒了她们深藏的童年回忆,让她们记起了自己的父母、性欲和所受到的种种拘束。

她们一再觉得必须摆脱童年的感受和憧憬,做一个不一样的人。但目标究竟是什么,她们其实并不清楚。

遭受性暴力的体验,反映了心灵受伤的一面。这种早期的伤害,发生在身体刺激无法言说也无法被理解的时期。

当时,童年的爱恋、无辜的刺激和引发刺激的信号混在一起,使她们对自己的性身份产生了错觉。我担心的是,过早地追寻虚构的回忆,将为她们带去"救赎",使她们试图去理解那些无法被理解和尚不能被理解的事物,并为此付出自卑的代价。这样一来,她们将使自己陷入病态:"我肯定遭遇过性暴力。"

作为一位心理治疗师,我其实处境尴尬:我可能没能"尽早"注意到某人所受的伤害,认为她是在滥用童年的记忆,或是轻信她的病因。在这片黑暗的灌木丛中,面对不断涌现的新情况,我必须时刻做出抉择,实际上却并无把握。

我甚至可能会失败,或是伤害我的来访者!

这个小个子女人用警惕的目光打量着我。她的步伐轻微摇晃,显露出一种不同寻常的犹豫。她的脑袋有些后倾,像是置身于一股看不见的海浪之中,不停地来回摇晃。

这位年轻女子是单亲妈妈,矮小精悍,果断自信,有着明确的治疗目标。她经人介绍,不顾路途遥远,开了一个小时的车来到这里。她不会随意接受心理治疗,因为迈出这一步,需要以信任作为基础。

这就是有些人在治疗开始时所说的可靠性和同理心。

这位女士是一位教育工作者,有四个孩子。青春期的迷茫和手足间的争斗,让这位母亲手忙脚乱。她时常处于崩溃的边缘,甚至想过把某个孩子"扔进林子里"。她不知所措,也无法和她的前夫就孩子的教育问题达成一致。

孩子们常常在他们之间引发争执,但他们又无法迎合对方,共同教育孩子。有时候,这其中已经出现了恶意的成分。

许多人在"出于充分的理由",以"和平"的方式离婚之后,往往会面临这种结局。

对于这对离异夫妇以及他们的子女教育情况,我不再多说风凉话。我还记得,对于离婚这个大胆的决定,她给出了种种"合理"的解释:她需要自主、独立、自我解放。这是不是一番空话?但在绝望中挣扎的人们，往往习惯于用这番话，违心地为他人的决定扫除障碍，也趁机清除他人对自己的阻碍。遗憾的是，压力往往没有像预期的那样减少，而因此受害的往往是孩子。

所有参与其中的人，都表现出孤独的无助！

这是否就是追求个性和自我价值的代价？孩子们为了获得父母的关注和倾听而故意捣乱，就是代价之一。而他们的父母，往往在童年时也受到过类似的折磨、限制和束缚。

孩子们故意捣乱，是否是为了让父母保持仅有的联系？尽管这种联系，往往以无尽的争吵、无解的接近和沮丧的疏远而结束。争执真的可以代替联系吗？

这位单亲妈妈还要工作，有着忙碌的一天。她既想做一个好妈妈，又不愿放弃自己的兴趣和追求。她日夜操劳，也想得到性满足。她想把一切“做对做好”，却难以掩饰自己的彷徨和不安。

新出现的状况，让她在治疗中时而谈起自己的孩子，时而谈及自己，说起自己和男人们的关系和性欲。她想探索自己的身体，拥有丰富的身体体验，无声地沉浸在身体感受之中。可是，青春叛逆的孩子们却一再为她制造障碍！

这一切让我感到不安。有时是因为劝说的失败，有时是因为找不到治疗的头绪。我努力正视她的一切诉求，却往往在治疗结束后感到索然无味。

是什么让她坚持到下一次谈话的呢？我常常问自己。回家后，她能不被孩子所叨唠吗？她能正视自己的欲望和追求吗？她能和一个男子好好相处吗？她能放下一切，做回一个女人吗？

我意识到了我们之间的矛盾所在：假如她想要的是身体治疗，那我在一开始让她说了太多的话。而如果身体治疗让她“躺得太久”，我又担心她“走火入魔”，遁入未知的内心世界，从而表现出轻微的手足搐搦症。这种难以解释的状态，往往因恐惧和欲望的结合而起，表现为呼吸悄然加重，就像身体膨胀的金龟子。

那是金龟子要想飞走时的样子！

它的主要表现是四肢紧张,面色涨红。

它想要飞走,却动不了身子!

这种状态不会终结,不会消解,也得不到满足!治疗过程中,她时常不由自主地表现得呼吸急促。这种症状究竟有何影响,目前还不得而知。它引起了我的注意,但面对这一特殊的呼吸模式,起初我也不知该从何下手。

我依然记得她在违背心意做事时,所发出的不情愿的抱怨声。这个声音,在我耳边挥之不去。那是兴奋戛然而止的声音,也是欲求不满的声音。这个声音之中充满了抗拒!

她又说起了自己内心潜藏的烦躁,说自己感到瘙痒难忍,也容易烦躁激动。这种心身医学现象,有一个专业术语叫"神经性皮炎"。孩子无法和她正常交往,她也在其中难以抽身。这种亲近和疏远之间的矛盾,最终表现为烦躁和易怒,却得不到令人满意的解决。

她向我详细叙述了自己家庭中的性氛围。父亲一直在母亲面前提出性要求,扮演着索取者的角色。母亲也毫不掩饰自己的欲望和需求。她一直肯定地说,当时"从未有过性经历"。但她也清楚地记得,自己在四岁时频繁手淫。父母虽然禁止她这样做,但她却根本禁不住诱惑。

她认为自己曾手淫,并感到瘙痒,甚至一直挠到出血。

在我看来,这种信念未免有过分夸大之嫌。从这时起,她的这种念头定期在我们的交往中出现。日常生活的新奇和丑陋,都没能将它掩盖。在跟我聊起家庭氛围的那次谈话的开头,她便对我说,自己曾和来找她倾诉的青少年详细探讨过"性暴力"问题,就其症状、过程和猜想中的童年交换过看法。一切都发生在情感的震撼之下,大家都在努力寻找真相,试图将感受、幻想和事实分离开来。

这样的探寻,近年来在教育界、心理治疗界、女性团体和学术会议中极为盛行。人们越是同情遭受性暴力的孩子,就越要刨根问底;但这一过程,往往会被渲染上别的色彩:她们在内心中,也对"不流血的伤口"产生了认同。

这样的探寻,往往会将人引入幻想的无人区,使人陷入天马行空的想象中难以自拔。在这里,那些怀揣同情的搜寻者找到了她们所寻找的东西。两者之间的界限,却变得模糊;与此同时,幻想也可能被当作了现实。这样一来,有些事即便没发生过,也被当作发生了。

所以这位年轻女子不禁会问,自己是否也曾遭受过性暴力。在谈论这个话题时,她感到严重的身体不适,甚至有些恶心。这反倒加剧了她的好奇心,促使她往那方面想。她强调自己什么都不记得,但即便没有任何相关的迹象,她依然为自己感到担心。

在自慰和与新男友性交时,她越来越沉默。她恨不得躲起来,好不被人看到她的兴奋和欲望!每天,她都会觉得自己皮肤发痒。

但她也强调说,察觉到这种兴奋时,她根本就不想见到任何人。

坐在我面前的这个女子在发痒,她一边伸手去挠痒,一边小心地掩饰着自己的瘙痒。仿佛在跟我谈论起这个话题时,她才刚刚认识到自己的身体。

她的身体,是否在通过某些迹象,暗示她对自己曾遭性暴力的怀疑并非无稽之谈?还是说,这些迹象只是震惊的表现,是她在内心里设身处地、对那些孩子产生同情的结果?遥想当年,她也曾处在一种从兴奋、孤独再到自我责罚的状态之中。这样的状态,是一个孩子所无法理解的。可当年的手淫,偏偏让她经历了这一切!

"不说了吧!"

这下,我彻底不知所措了。鉴于媒体和业界对"性暴力"的态度,我竭力避免与她产生冲突,以防对她造成伤害。但我的怀疑、作为一名治疗师的责任以及我较真的性格,又促使我继续追问,继续去检验她叙述的真实性。但这也激发了她的斗志,促使她在治疗过程中就这个敏感的话题与我展开辩论,甚至让她彻底把自己放到一个曾遭性暴力的小孩的位置上,拥有那样的感受、经历和关系。

不得不承认,她的信念和我的观点,已经在不经意间产生了争执。她认为"我肯定遭遇过性暴力",而我则"绝对不相信这一切"!

我感到事态正在渐渐失控,而我则越来越犹豫不决。我想和她一起探寻遭受性暴力的踪迹,但这又有违我对这一话题的个人态度。这样一来,我们都没有机会保持冷静和信任,所以我们的关系很快急转直下,并最终导致了治疗的中断!

那是她的迫切要求,也是我的审慎抉择。

我和她最后的某一次谈话,稍微减弱了我的自我怀疑。这是否算是让我挽回了一些颜面?还是说,一切只是我的幻想,只因我放不下治疗师这一帮助人的专业角色?或者,它再次证明了这个女人身上有着一种未知的神秘?

这是性暴力的秘密吗?

她说,虽然过往的学习经历使她完全没有成为治疗师的可能,但她一直有意接受心理治疗培训。

后来,我们开始相互调侃,她也聊到了她的性趣和欲望。以及欲望的对象!

显然,话题离不开她和教育培训师以及和我之间的亲近和疏远!她与我发生摩擦,在他那儿却感受到情感的温暖。这种幸福的感觉,是她从前在母亲那儿所体会不到的。在母亲那儿,她一直觉得自己被拒在千里之外。就在她还只有几天或几个星期大的时候,母亲就拒绝给她提供食物和温暖。她的每一次示意,每一声哭喊,都得不到母亲的回应。母亲对自己孩子的排斥,对她造成了诸多伤害。

而在父亲那儿,她却得到了期盼已久的温暖。唯一的问题,就是她猜测自己曾遭父亲性侵。

当然,在这方面她说不出更多的细节。

是坏妈妈嫉妒女儿和爸爸的亲近而故意从中作梗,还是父女之间确有其事?

女性家庭成员之间谈论“性暴力”这一话题,是否是这位母亲对下一代的诅咒?还是说,虽然父亲一直强调自己无罪,但当初母亲的确凭借一己之力,救下了遭性侵的孩子?

我想象着一个躺在婴儿床上的宝宝。她对食物、温暖和接触的原始渴求,得不到任何重视。从一出生起,她就觉得自己“不该来到这个世界”。

我在诊所里和这位女士相遇，感受到了她深深的孤独和绝望。她无法相信自己，甚至根本就不敢相信自己！从前的那个小女孩，从父亲那儿得到了温暖，但这仍然无法取代缺失的母爱。这个为她提供温暖的父亲，或许就像最后一根救命稻草一样，被理想化了。无论是这位年轻的女士，还是从前的那个小女孩，都一直生活在一片混乱之中。她无所适从，也对现实一无所知，因为她的感情和感受，都以“不该来到这个世界”作为基础。

谈起童年可能发生过的事情和她的父母时，她的脸上显得十分轻松，但我却能感受到她内心深处的伤痛。

她想要理解，想要明白当时发生的一切，也知道这只有在治疗中才能成为可能。

我们的相遇，能帮助她塑造情感，形成身份认同！

寻找可能的事实，尚不至于发展成彻底的侦察工作，也不至于当场搜寻证据。巩固治疗关系中的信任基础，才能宽慰这位女士的童心。性侵的证据和种种迹象，虽不必完全退居幕后，但至少可被暂时放在一旁。

可是，我们在中途出了差错！我们一直拘泥于无声的形式，最终也一无所获。

我觉得自己有些过于拘束。虽然我也试图去挽回尚能挽回的一切，但最终依然无功而返！在最后写给她的信中，我表达了我的同情、遗憾和与她一道反思治疗中断原因的愿望，但却没有得到她的任何回应和解释。

最终剩下的，只有中断的治疗和秘密。

她依然坚信：“我肯定遭遇过性暴力。”

而我则在想：“我都做了些什么？”

神话创造现实

有一场名为“预防针对青少年男女的性侵和性暴力”的专业进修，其培训对象是教师和咨询师。活动看起来十分正式，官方、高校、咨询诊所和中小学校均参与其中。看起来，兼具吸引力和诱惑力。

吸引力在于有机会就中小学现有的活动、工作计划和教师培训项目展开经验和信息交流。诱惑力在于聆听众人的争执，感受观点和情绪碰撞。

不同观点之间的交流，以“校园性侵和性暴力预防指导原则”的形式，得到了最终的体现。

将诸多专业人士聚到一起，对与性暴力相关的工作提出指导意见，本身是一个不错的主意。——可惜，最终的结果谬之千里！

人们指望专业人士在集会中投票作出决议并制订指导原则，但这一希望最终却化为了泡影。

在官方声明中，人们仅就两点达成了一致：1. 性暴力的确存在。2. 它必须得到预防。

各个工作小组的核心议题，包括青少年工作、性教育、父母教育和多种预防措施的结合。人们围绕这些话题，展开了紧张而热烈的交流，收集了海量的信息。最终，各种观点被汇聚到一起，在大会最后一天被展示给所有参与者。一方面，人们要求在预防工作者之间建立社交网络；另一方面，又强调对青少年进行人际交往教育和性教育的重要性，并要求采取相应的教育手段。在这方面，一些中小学教师其实私底下已经有过尝试,但几乎都无功而返。

指导原则建议稿指出,要研究性关系中的权利和依附问题、男女孩特殊的性社会化问题以及性禁忌问题。这就需要举办由大学生或/及专业人士参加的专题研讨班。每个人都必须具备批判思维和渊博的知识,并能设身处地地为青少年着想。在这种氛围之下,个人经历、个体对自身性欲的态度以及对性的“模糊领域”的认知,则相对没有那么重要。

如果中小学的性教育和性暴力预防涉及学生的个人经历和私密领域,这就要求工作者在性欲和青少年的私密问题上具备特殊的能力。他必须保持敏感和警觉,既尊重和关爱学生,又具有批判性和谨慎性,并能在往往无法用言语表达的私密领域和青少年性欲方面有所作为。他既不能造成阻碍和伤害,也不能笨手笨脚地做越界的事情,或是刻意去巴结和讨好学生。

这方面的能力,无论是在高校学习还是一般的进修培训活动中,都未能得到足够的重视和研究。于是,许多在场的人都无助地看向我,试图从我这儿得到一些信息,或是聆听一些他人的实践经验。他们迫切想要建立社交网络,其实是因为倍感无助,亟须得到其他同行的扶持。起初还略带迟疑的争论,很快就演变成了对性侵、性暴力、同理心、女孩思想工作、男孩思想工作等概念定义的激烈争论。就像关于指导原则的投票所呈现的那样,这样的争论最后毫无成果,只得以不欢而散告终。

有些人在工作中只能靠自己摸索,另一些人则比较幸运,能够在一个咨询团队里踏实地开展工作。

在这一背景之下,“神话创造现实”有了两重含义。一方面,建立社交网络的迫切要求,其实是为了掩盖人们在性欲和性暴力问题面前的无助。另一方面,有些人针锋相对地主张把女性的问题和视角单独剥离出来,强调女性的同理心;在我看来,这其实是自欺欺人,否认性暴力是性关系的一部分这一事实。仅仅在社会中片面地强调性别歧视和男性的性暴力,根本不足以反映生活的实际情况。

最后的专题讨论由来自高校、咨询诊所和政府机构的代表参加。突然之间，人们就不同的观点展开了激烈的辩论。一方情绪高昂，激情满满；另一方畏手畏脚，禁忌多多。一些人投身宣传工作，呼吁人们重视青少年的性欲问题；还有许多人却跨不过内心的门槛，不愿面对自己的性欲，不愿从性的角度去体验和感受自我，甚至不愿承认自己有过性兴奋。

类似的情况比比皆是，在学校里也是如此！

另一些人则用响亮的掌声，支持认可的观点。

矛盾已经显露了出来！

但人们却没有进一步讨论它对教育体系、学校、家庭和社会的影响。

揭露矛盾，只是为了禁止讨论，作出惩罚。这就是欲望的禁令！

一位政府代表说到了点上："我们生活在分裂的世界，其中有受害者，也有加害者。有些人说出了我的心里话，但也有人持不同的看法！"

在我看来，这个世界之所以分裂，就是因为一些人和某些教师的存在。他们对进修项目只是"略感兴趣"，同理心和/或绝望使得他们情感分裂，无法感知自己的性欲。反过来，他们却要在性问题上发动战争。学校里针对青少年男女的心理工作，其实需要许多自由空间；可在会议上参与讨论的人，却非要为了一己之见争个你死我活。

如果性侵和性暴力与情感的剥夺相关，那我们在性教育中也必须重视这一点。学生们有自己的身体和感受，有孩童的性欲，也有私密的情感。这一切，都被隐藏在强烈的不安和不愿承认的羞耻感之下。从事性暴力的预防和治疗工作，必然会触及儿童性欲中充满柔情的、尴尬的和确定性的一面。

所以，仅仅把生物学方面的性启蒙当作一门课程开设，或是对一些暴露的苗头采取预防性的干预措施，还远远不够。从教育角度看，这些做法当然是正确的。但这样的做法，可能会在个体层面上引起儿童内心的混乱。

出于善意的做法，仍会剥夺他们的情感！

所以，在专题讨论中也出现了两种不同的思路。一方主张积极采取措施，另一方则主张培养老师的敏感性和说服力，让他们起到示范的作用。但这种教育态度，却不是两天的强化课程或得到满堂喝彩的示范活动可以培养的。

每个想在社交网络中获得安全感的人，都必须积极参与其中。

无论男女！

围绕预防青少年性侵和性暴力展开的长篇大论，很容易脱离目标。当涉及干预措施时，情况更是如此。有些事情必须完成，有些事情必须得到资助，有些事情已经被讨论了太久，却一直悬而未决。最后给人的感觉，是想要避免师生之间的任何私密接触。而实际上，与男女孩童建立联系，才是工作不可或缺的第一步！

只有完成了这一步，其他教育措施才可以继续跟上。

因为脱离了交流，脱离了对私密性的尊重，成功根本无从谈起！

专题讨论的最后几分钟内容，恰恰证明了许多参与者在竭力避免与少男少女打交道。人们一方面围绕着根本不存在的“必要资助”大谈特谈，另一方面却流露出自己的担心，生怕媒体会歪曲事实，说他们只在学校里进行治疗工作。或者，人们害怕教师需要为社会中的一切问题和危机负责，从而在压力之下不堪重负。

会议结束后，心力交瘁的研讨嘉宾和主持人终于松了一口气。他们的预期，甚至还更为糟糕。

现在，他们终于可以喘口气了。

究竟是谁干的?

对性暴力的反应,通常是对(所谓)加害者的无情控诉。这一切,往往在案情尚未彻底明朗时就已经发生。这时候,性暴力发生时的种种复杂关系,一般还没得到厘清和解释。

只要凶手落网,那就足够了!

可是,现实却是由诸多神秘的影响因素组成的一张大网。许多相关的人以各自的方式,或多或少地参与到了被简化成"性暴力"的行为之中。在他人面前,每个人都有自己的个人利益、感受和"特质"。

坚持"只有一个加害者",其实是在否认事实。人们这么做,只是为了满足自己的情感释放需求,达到自欺欺人的目的。对许多人而言,坚持"只有一个",也是为了发泄自己的愤恨之情和破坏欲望。有了目标之后,人们就可以将一切恢复正常,可以肆意幻想,而不被当作窥视狂。

相反,一切细节都以提供证据的名义,打着揭露罪行的旗号,被堂而皇之地搬上了台面,放在公众面前。

在事态尚不明朗的情况下,好人完全有被冤枉的危险。

一般情况下,在法庭上被判刑的肯定是罪证确凿的人。但在性暴力案件中,庭审往往会令公众群情激奋,甚至引发他们的暴力倾向。这一切,甚至发生在所有参与者完成出庭之前,或是凶手被绳之以法之前。

在林道心理治疗周*期间，我们这一小群资深心理治疗师每天上午都会聚到一起进行案例研讨。这一自发的仪式，既出于对同行的信任，也是严谨的工作需要。毕竟，谁都不愿辜负来访者的重托，也不希望自身的盲点对治疗造成限制。

当一位女治疗师拿出一个年轻人的案例供我们讨论时，现场的氛围发生了变化。这名男子被指控实施性侵，但她没有说明具体的性侵类型。她激动的声音，不由让我暗自担心事态会朝着严重的方向发展。在场者中和我持同样观点的人，应该不在少数。我们既隐约感到害怕，又在暗地里好奇究竟有什么棘手的问题在等待着大家。

那位女同事口中的年轻人 23 岁，和一位比他大 12 岁的女友及其两个儿子(8 岁、14 岁)共同生活。他的女友曾尝试自杀，这位男子之所以继续和她同居，更多是因为同情。这个年轻人被送去接受心理治疗，因为他被指控对女友的幼子实施了性侵。后者已经被送到儿童保护协会，接受进一步照管。这位女治疗师已经和这个特别的年轻人长谈过三次，但都无功而返。

他根本记不起自己曾对那个 8 岁男孩实施过性侵。

在他的女友、儿童保护协会和女治疗师看来，这都是他试图摆脱刑罚的借口。

毕竟，这样的指责，不可能是空穴来风。

出于好奇，我们又追问了许多细节。最终我们发现，一旦有人提出性侵指控，没等到事情真相被逐一检验，对嫌疑人的惩罚便已经开始了。令我们感到惊讶和愤慨的是，多位和这个 8 岁男孩有过亲密接触的人，其实都有实施性侵的嫌疑，其中也包括他的哥哥。孩子的母亲在报案时捎带着说过，男友的父亲其实也有嫌疑。另外，她本人可能也脱不了干系。

这对情侣的一个日常习惯，更加证实了我们的怀疑，一旦他俩吵

---

* 林道心理治疗周(Lindauer Psychotherapiewochen)是一个专业会议，1950 年代以来每年 4 月在德国林道市举行，旨在提供医生、注册心理师、儿童和青少年心理治疗师心理治疗专业进修。——译者注

架，妈妈就和小儿子一道上床睡觉！

在我们的追问之下，这家人更多荒谬的事情开始浮出水面。我们发现，这位女治疗师和儿童保护协会在考虑问题时，对所有相关人员之间的关系考虑欠周。那个年轻人对一切一无所知，也什么都记不起来。他背负着儿童保护协会的指控，被送到女治疗师那儿，一直试图给一切一个圆满的交代。直到一次不经意地说到他母亲时，他的一番话让缜密的侦察工作陷入了困境。

“我妈曾控告我爸性侵。虽然她说不出任何细节，但她坚持认为这就是我爸干的。”

那么，这究竟是谁干的？

讨论过程中，一些人已经彻底失去了方向。有些人对那个年轻人恨得咬牙切齿，甚至已经失去了自制力。要知道，在讨论其他来访者的案例时，他们一贯保持冷静和严肃内敛的态度。面前的这一幕，着实令人惊讶。

我们这些人，是否是一股神秘力量、一种不被人察觉的身份认同的牺牲品？

我们已经坠入了怀疑和害怕的深渊之中。这个年轻人是否心怀叵测？他是否想对女治疗师实施性侵？他说自己什么都记不起来，这究竟意味着什么？

假如我坐在这个棘手的位置，不得不像这位女同事那样作出两难的抉择，我又会怎么办？真相究竟如何，其实不得而知。

冥冥之中，我们其实也害怕被来访者、被那些曾参与性侵的人性侵。这是否会导致“误判”，使我们有违鉴定专家的使命呢？假如受害者是我们，那情况又会如何？

毕竟，就模糊的事情作出判断，对公众热议的话题提出不同的观点，甚至与主流看法进行对抗，不是每个人都能做到的事情。

近来的一些庭审案例，也证实了心理治疗师可能面临危险。

我还记得，当我在几年前被一位年轻男子指控性侵时，是如何膝盖发软，生怕一世英名毁于一旦。人们还没等我出声辩解，就已经对我进行了公开谴责。当时，我真恨不得钻进地缝里，或是隐姓埋名，远走他乡。对于这个男子，我既格外愤怒，也倍感绝望。我知道，自己其实并没有做什么。但我必须作出回应，并积极采取措施。当时，我甚至已经开始怀疑自己。

在这类情况模糊又高度情绪化的案例中，一个治疗师该采取什么样的专业态度和个人态度？我们的判断至关重要。它决定了嫌疑人是仅需接受心理治疗，还是应当在为证据确凿的性侵行为接受刑罚后再接受心理治疗。

本例中的这个年轻人什么都记不起来。在那位女同事的要求下，他竭力对一切作出解释。但这样的解释，本身就是模糊和苍白的。

据那位女治疗师反映，他对生活充满了宏伟的幻想。他想读书，却根本没去大学注册。最后，他经营了几个月面包房，负债累累，宣告破产。

在治疗师面前，他试图以轻蔑而可笑的口吻，忽视生活的不幸："虽然我在这儿寻求您的帮助，但只要我愿意，其实完全可以主导治疗。"

我们的这位同事，不敢对这位男子进行治疗。她知道这位来访者"从前的那些问题"，知道他在生活中遇到了瓶颈并受其束缚。她说，对他的治疗，肯定会持续很久。而且她其实无法想象这个年轻人"真的做了这些事"，因为那样的话，他应当能够回忆起来。

那个年轻人似乎感受到了她的窘迫和不安，反倒主动给她提供了一个合适的借口：如果这件事真是他干的，那他肯定也被自己的父亲性侵过。

说到这里，我们应该适可而止了！

在这次同行讨论中，我们没有遵守既定顺序发言，而是各自情绪激动地指出谁是受害者，谁是加害者，以及给出可能的治疗方案。一种神秘的力量，促使我们不由自主地驳斥他人的观点。我们不再用摆事实讲道理的方式证明自己观点，而是肆意发泄着自己的情绪，以声嘶力竭地方式捍卫着自己眼中的"事实"。

谈话结束后，我终于松了一口气。虽然我依然不知道究竟发生了什么——或者说，的确发生了什么，我不知道究竟有谁参与其中——但我的确感觉到，这样的性侵指责对我产生了严重的刺激。它促使我进行表态，但也让我更加看不清这位来访者。

这还是一次专家会谈吗？这样追寻踪迹，还是专业人士所为吗？还是说，这样的讨论其实只是为各自的立场发声，或是使我自身的情绪得到释放？

那位女同事，究竟会作出怎样的决断？如果她认为性侵成立，那法律程序就会开启，心理治疗也就无从谈起。或者，她可能会坚持对这些“从前的问题”进行治疗，而把性侵指控是否成立交给别人判断？

触碰要小心！

在围绕性侵的讨论中，身体接触是一个重要的核心话题。所以，各类预防措施也把重点放在了对自己和他人身体的尊重之上。世界通行的预防理念，也把这一点写入了总则之中。其中一些指导思想如下：

- 我的身体属于我自己。
- 我可以依靠和信赖我的感受。
- 有善意和恶意的触碰，也有舒适和令人不适的触碰。
- 我可以说不。
- 有好的秘密，也有坏的秘密。

研究表明，只有当孩童寻求帮助时，这类预防措施才能起作用。而在判断触碰意图方面，它其实收效甚微。目前，人们还没有系统研究过造成这种现象的原因，但它不外乎如此：这类预防措施，忽视了发展心理学的认识。根据让·皮亚杰的研究，7岁以前的孩子，无法区分“善意、奇怪和恶意的触碰”。

性侵多是未经允许、令人感到痛苦的触碰。遭受性侵的孩子在被人触摸时，往往也会产生情感的越界。但他们却意识不到这一点。

遭受性侵的成年人也是如此！

在接下来的这个故事里，我将揭示触碰的敏感性。主要包括以下几点：

- 即便没有被触碰，也可能会产生触碰的体验。
- 触碰可以是被体验的触碰或情感分裂的触碰。
- 触碰必然会产生关系。
- 触碰是无法被控制的；一旦被控制，它只会限制与此相关的人，而不会扩展和丰富他们的体验空间。
- 在治疗性侵的过程中，触碰必不可少。

看起来，大多数人对触碰都“缺乏经验”。这样的触碰，不是造成干预和混淆，就是被人拒之于千里之外。无论媒体如何大方地论述“触碰”的过程，都无法掩盖这一事实。

即便咨询师和治疗师也不例外！

他们熟悉性侵问题，擅长与人谈话和解决矛盾，但对咨询和治疗过程中的触碰其实知之甚少！

著名心理分析学家克雷梅里乌斯教授在1993年秋接受《明镜》杂志采访时，道出了问题的关键：

“治疗中的侵害源自触碰。”

这么说来，难道所有的心理治疗师都是潜在的凶手？隐瞒治疗中的触碰，是否就是在包庇罪犯？

法律的制定者斩钉截铁地表示：在心理治疗中，触碰是被禁止的！

在心理治疗过程中触碰来访者的人，可能受到法律的惩罚。即便他根据临床治疗法获得了心理学硕士文凭，也不能例外。

言归正传。有了刚才的背景介绍，“触碰”这一话题没有得到很好的普及、研究和定义，也就不难理解了。

毕竟，谁希望被检察官指控呢！

情况还可以更糟：

无论是社会还是治疗师本人，在触碰来访者时，都会在潜意识中感受到自己不愿承认的性愿望和恐惧。这一切，发生在性解放和性开放的时代。在治疗性侵时采取触碰手段，也意味着经历和揭露自己的情绪反应。

去触碰!

这一切,是否就是“欲望禁令”的情感基础和神秘来源呢?人们反对治疗中的触碰,其实是为了借助公共的禁令,消除自己所受到的情绪刺激。

这是否算是一种新的审判?

这样一来,专业书籍被写成论战文章,为遭性侵女性提供咨询的机构给自己取名“告密者”“微苦”“裂谷”和“山涧”,也就不足为奇了。

同样不足为怪的还有:在 1994 年 2 月于柏林举办的一次“性侵”专题研讨会上,与会者因意见不合大打出手,直至警方强行清场。

所以:触碰要小心!

一次专业进修!一群心理治疗师聚在一起,研讨身体诊断问题。这是许多心理治疗师培训的必修课,也引发了参与者的好奇,引起了紧张激烈的讨论。主要的话题,包括身体在心理治疗中的意义以及心理治疗师感受和体验自己身体的方式。

作为许多培训项目的固定组成部分,这样的活动既符合来访者和治疗师的兴趣,也反映了时代精神。

身体,是一个热议的话题!

人们对身体充满了好奇。关于个人发展过程中身体感受、身体体验和身体意义的书,如雨后春笋般问世。人们不愿再把自己的身体简单地交到某个医疗器械的手中,而是希望重视自己的心理状态,察觉自己的细微变化,直至支配自己的身体。

这一切,听上去是那么美好!

心理治疗中的身体诊断,即对一个陌生身体的感受和判断,必然会和自己的身体体验产生联系。人们必然会用自己的双眼,即借助自己的身体去注视他人的身体。在这个无声的过程中,人们只靠身体作出回馈,从而从一个全新的角度,与来访者的身体产生深入的接触。

研究他人的身体,从身体、教育和治疗的角度对其施加影响,始于对自己身体的全面认知。所以，身体诊断首先得研究自己的身体，熟悉它的秘密。自己的身体就像一副眼镜，一剂良药，一种媒介，使得我们能因人而异地作出细致入微的观察、感受和判断。

探索自己的身体，研究自己的身体经历和生活故事，也会激发意想不到的感受、回忆和反应。任何一个从事身体治疗工作的人，都不应忽视这一事实。

在治疗中面对他人的身体时，我唤醒的不仅是他的身体经历，更是在发掘自己身体深处的秘密。每一个时刻，面对每一个不同的人，都会获得不同的体验。

尽管这群同行对身体诊断表现出强烈的兴趣，但他们从一开始，就对身体触碰，尤其是裸露的身体表现出恐惧。

“听说，在身体治疗中必须马上脱光。我绝不会这么做！”

“碰我？想都别想。”

于是，这个小组分裂成了两个阵营：一群人极端封闭和保守，另一群人则渴望绕开失败的心理尝试，借助身体进入他人的内心世界。

在治疗那些遭受性侵的来访者时，这种态度必不可少。

要为这群“经受性侵考验”的女性示范身体治疗，我越加不安，也暗自担心。

毕竟我是一位男性！

这个小组里另有12位女士，2位男士。大多数女士都与遭受性侵的女性打过交道。有些人在咨询和治疗中接待过她们，有些人的朋友曾遭性侵，有些人直言自己本人就是性侵的受害者。房间里的安静和沉默，更是加剧了我的担心。

我回想起自己在诊所里与男女来访者打交道的经历，也想起我在《话语只是面具——男性的私密场景》一书中介绍的男性乱伦经历。这些经历，都引发了我批判性的思考。

现在，我害怕被这群女士打个措手不及。

我注意观察，留意任何在场女士抱团对抗我的信号。在我的设想中，这样的对抗必然会引发激烈的冲突。

对身体的治疗工作，自己身体和他人身体的接触，必然会形成某些亲密的场景。这既会加强个人的感受，也会动摇一个人对自己和他人的既有看法。

这一切，关系到对他人身体和自我身体的感受，也需要我们在身体上对彼此之间出现的难题作出判断。我所看到的一切，对方身体的信号，都会反过来对我产生影响，唤醒作为观察者的我对自己的身体感受。所以，身体诊断是一种关系的形成，它必然和两个人相关，涉及两个身体之间的相互影响。

心理治疗师绝不能忽视自己的身体感受。反过来，来访者感受到他的身体，展示他的身体，也会对我造成身体影响。

感受自己的身体，也意味着感受内在的身体能量，获得一种神秘的、无比深刻的体验，体会冲动而多样的身体反应。

小组中有多位女性对治疗关系不无担心，认为它可能会因人为操控而遭受损害。这一切的导火索，是一个特殊练习。在这个练习中，人们被要求像一个玩偶一样任人摆布。这恰恰坚定了她们在治疗过程中保持自主性的决心。一位女同事曾对自己被强暴的经历直言不讳，却坚持不在这个“玩偶游戏”中扮演玩偶。

“就算这儿不会有人对我做什么，我也不愿被人操控。”

女士们反复重申避免任何直接身体接触的愿望。虽然小组根据共同的约定成立，其环境与绝大多数治疗关系一样相对安全，也不会被人滥用，但遵循约定并在此范围内探索依然被视作一件危险的事情。虽然大家有约在先，不会做任何违背他人意愿的事情，但在“玩偶游戏”这一角色扮演练习中，依然可以明显看出她们对失礼触碰和突破界限的情感影响的恐惧。同样，当关系触及情感边缘时，她们也会表现出害怕。

她们害怕强大的关系，担心即便是在以尊重为前提的治疗关系中，也会遇到危险，遭人冒犯。

随着身体治疗的延续，她们对自己的身体越来越感到不安，也越加迫切地要求夺回对自己身体的掌控权和支配权。

尤其是在涉及性侵之时。那是一种不体面的越界行为，也是一种深入骨髓的精神创伤！

听同行们详尽叙述在治疗实践中触碰来访者的感受时，我明显放松了一些。在对话中，人们对彼此更为敏感，那种矛盾的感受也表现得更为突出。

尽管如此，小组中的氛围依然紧张。身体一旦出现错乱，就很难平静下来。

我对参与者说，通过这场活动，他们将熟悉个人的身体体验以及身体在突然遭人触碰时的应激反应。我希望借此安抚他们如暗流般涌动的恐慌情绪。

我要特别强调，一切都发生在清晰的治疗约定之下，它既有安全的保证，也有明确的界限和选择自由。

在我与一位女同事示范过触碰的类型后，所有的参与者都如释重负。那位女同事，曾抱怨一位女来访者与她发生的身体接触有越界之嫌。

"每次谈话结束后，她都不顾我的不快，主动上来拥抱我。无论我如何坚决与她保持距离，都没有用。"

在我看来，这位同事不仅感到不快，而且内心也十分拘谨，所以才坚决拒绝来访者的身体接触。她其实是在害怕自己！

我们约定，当着小组成员的面，尝试一次身体触碰，体验这种感受。这一有意识的决定，依然没能阻挡住突如其来的情绪和身体感受。

在被我触碰之前，她就有了被触碰的体验！

她一躺到垫子上，就表现出紧张和焦躁，浑身上下都显露出不安。她来回扭动着身体，抽搐发抖。控制自己的表情，也开始变得困难。她用眼睛看向我，又看向别处，一副不知所措的样子。她不敢闭上眼，把注意力集中到自己的身体上，感受自己的内心世界。

她的样子，就像在防备着什么！

我什么都没做，也没有去触碰她。我盯着她看，希望用眼神的交流，与她建立安全的联系，希望她能在我的陪伴之下，放松地做自己。

在开始触碰之前，这是十分必要的准备工作。但同时我也注意到，在这一刻，她已经开始不安、迷惑，甚至在情绪上有些过于紧张。我们不妨花一点时间，用言语去描述这一切，描述这种未经触碰的触碰！

这既是一种诊断，一种联系，也是关系的开始。

我们之前的约定开始生效。过早的身体触碰，无疑是不合适的越界行为。她终于闭上了眼。我耐心地坐在她身旁，为这次能被她接受的谨慎触碰做着准备。我要触碰的是她的前臂和手。

第一次触碰的冒险结束了。烦躁不安的她，选择继续躺在原地。我则决定以某种特定的方式去触碰她。

我们的这次触碰，是一次共同的触碰。我的手触碰到了她的前臂，她的前臂则触碰到了我的掌心。任何的触碰，都离不开关系的构建！任何的关系，都离不开对未知的关注和尊重，离不开理解，离不开让人放心的约定。这种约定并不一定要靠言语达成，但人们必须能获得明确的信号。

我们的触碰进行得越来越顺利。我触碰了她的不同部位，询问她的感受，给她充足的时间聆听身体内部的声音，也告诉她我对她身体的感受以及对她身体信号的细致观察。

我选择以触碰的方式，巩固我们之间的联系，也使她对自己不安和发抖的身体，具有更好的情感体验。只有这样，我们的联系和接触，才能让她变得平静。

于是，我用手指以几乎无法感受到的方式触碰了她颤抖的眼睑。

她感到内心深处的震动，这种感觉一直传导到身体之中，使她浑身发颤。我能清楚地看到颤动的脉搏，感受到她加剧的呼吸。她面色潮红，脸上泛起了一种难以言表的神情。这样子，仿佛是要哭泣或啜泣。

但她却没有出声。

她的下巴和嘴唇剧烈颤抖。她的样子，让我想起了一个孩子的面庞和身体。那突然开始颤抖的画面，就像孩子在半梦半醒间梦到了什么神秘的事情。

我们的联系稳固而充满信任。我虽不清楚她的体验，却能感受到自己的平静和同理心。在这个过程中，我一直沉浸在自己的身体中，并把它作为感应的基石。

我们就这样保持接触，直到我小心地宣布收回我的手和手指。

“我发现，”她惊慌地说：“你其实早就这么做了。”

她在与他人触碰过程中所获得的一切，在被接受和铭记之前，似乎就已经消失了。

这实在是一次悲伤的经历！

我又回想起我们开头的对话，她那不情愿被人触碰的经历，以及在被记住之前就突然“失去”的触碰感受。虽然我对这位女同事的生活和个人经历一无所知，但我猜测她在内心中其实有着强烈的渴望，希望在私密的触碰中获得安全感，得到家的温暖和保护。

我询问她是否要我继续把手放在那里，也要求她来触碰我的手。

这是一次触碰中的触碰！

在这样的过程中，能够抽出时间进行无声的交流，相互陪伴和注意对方，有意识地与对方相遇，为她提供安全感，是一件多么美妙的事情！

这次不起眼的经历，包含了轻微的触碰，提供了最为细致的身体感受，仅此而已。

“这样的身体相遇，就像母亲和孩子最初的经历！”一位女性小组成员用喜忧参半的口吻说。

过了一会儿，她想要坐起来，但我请她再躺一会儿，体验触碰的结束，而不是直接站起身走开。我尊重她的感受，但也想和她一道扩大体验的空间，并把在边缘区域的体验作为触碰经历的重要组成部分。她保持卧倒，但不免有些悲伤，因为她发现自己过早地结束了一次相逢。

她之所以想要快速站起，是担心触碰会让她迷失自我。她尤其担心自己会陷入昏厥，对触碰和相遇失去影响能力。

这种自我蒙蔽，使她往往难以承受触碰的馈赠。

所以，我请她坐在同事们中间，注视她人的脸庞，有意识地体验触碰的结束。

虽然在一开始，她说过自己有不愿被来访者主动触碰的困难，但现在我们不难发现,困难其实是因为她无法自主选择特定的触碰方式并停留在这种状态。

最主要的是,她不敢去尝试这样的触碰!

在私底下,我们也就感受、印象、经历和各自心理诊所中与“身体和触碰”相关的谈话展开过交流。毫无疑问:有意识的、事先约定的触碰是有益、舒适、让人放松的,而未经事先说明、突如其来的触碰,则会导致感受和体验的分裂。这样的触碰,会让一个人情感爆发,陷入恐怖、未知、害怕、孤独和恐慌的漩涡之中。两者之间,存在着本质区别。

即便这一切发生在安全、事先约定的框架范围之内,发生在治疗关系之中,情况也依然不可避免。日常的治疗,危机并存。由于小组中的许多人在个体辅导和集体谈话后,都说自己背疼,骨盆一带绷紧,我又请他们做一个特别的生物能量练习。这个练习有助于提升能量的活跃程度,加强身体部位的体验强度。参与者躺倒在地,闭上双眼,用骨盆轻轻敲击地面。不顾这个动作有多么费力,多么疼痛。过了一会儿,参与者停下动作,体会自己的感受。每个人都可以自主决定何时轻轻敲击地面,何时停下休息,何时继续开始敲击。这个过程,持续了大约20分钟。最后,参与者像胎儿那样,侧躺在一边。

房间中的沉默和小组中的氛围,被啜泣、呜咽、呻吟、疼痛的呼喊和难以忍受的不适所打断。每个人都有不同的体验,也对此做出了不同的反应。

参与者躺在垫子上,沉浸在自己混乱的情感世界和身体体验分裂的孤独之中。

随后的对话表明,使腰背放松的愿望,激起了他们所不愿承认的性愿望和恐惧。这种愿望,因为身体的紧张和情绪的保守,给人带去了痛苦。它使人感到恶心,使原本平稳的呼吸,变成了胸中燃烧的怒火。

这种与他人接触的经历,最终演变成了无声的反抗和呼喊。

触碰已经被事先宣告了!突如其来的触碰,无疑是一种冒险。这样的触碰,会让小组中的一些人感到恐怖。我走到每个人身旁,用我的手轻轻触碰他们的后背,以此表示我与他们同在。与此同时,它也是一个清晰的信号，表明了我对个性化体验的支持。但与此同时，它也引发了不安。

我惊慌失措的发现，这次触碰引发了关系的爆发——触碰必然是一种关系！

在谈论起这次练习时，气氛安静得可怕。两位女士指责我不应未经允许就触碰她们。第三位女士在小组活动一开始，曾详细叙述自己在儿时应对性侵的经历；此时，她已经难以自制，几乎说不出话来。

“你根本就没触碰我！我什么都没感觉到，这实在是太可怕了！”说着，她跑出了集体活动室。

一想到那些被我唤醒的幽灵，我也不禁感到恐慌。我的触碰似乎激活了地狱之泉。我觉得自己有罪。在其他人讲述自己的感受时，我几乎不敢呼吸。对自己触碰行为的极度怀疑，甚至动摇了我在治疗方面的自信。在这群同行中间，我像是犯了什么大错，沦落到任人摆布的境地，却不知道自己究竟做错了什么！

我想起在小组活动开始时，这些女士讲述自己遭性侵的经历以及采取的应对措施，整个过程显得多么坚强勇敢。我也清楚，在这个由15个人组成的小组中，除我之外还有两名男士。所以，我根本找不到掩护，得不到男同胞的支持。

直到情况出现了转机。一位女士承认，自己既感到不快，又感到舒适和兴奋。另一位女士说，自己感到身体发痒，在性紧张和兴奋面前难以自制。她注意到，自己已经到了不得不借助意念控制感受的地步。她希望用不同的解释和借口，去约束自己的欲望。

我内心的滑坡终于得以停止了！我们谈论了性侵和女性的感受，也讨论了该如何对遭受性侵的女性做心理治疗。在这个话题上，当时的我还没有太多的发言权。

我不是女性，也没有被性侵过，我也不想因为不成熟和操之过急的触碰，给自己招惹麻烦。但我知道，我的触碰不是侵犯！这样意料之外的突然触碰，随时可能发生，也是治疗活动中常见的一幕。

女士们口中遭我突然触碰的个人经历和体验，对她们就触碰、侵害和性侵女性治疗所展开的激烈讨论做了一个很好的补充。这一切无关对错，只是多样的个人体验所引发的细致讨论。这样的私密交流，有助于提升个性，帮助她们熟悉自己的个人体验，并让她们清楚地认识到：这些事情是绝对无法控制的。刻意控制这些，那就会对自己造成限制，缩减自我体验的空间，甚至让人一脸戒备地宣称：

"我绝不允许别人碰我。"

因为：

（在治疗过程中，）意外和恐惧的经历和体验是无法避免的。探究身体、理解身体、触碰身体，都需要有冒险的勇气。

作为两个人之间的勇敢尝试，触碰基于共同的选择，也要求彼此之间的对话。尽管如此，意外依然无法被避免。

因为只有这样的触碰，才是心灵深处的、可被经历的触碰，是两个人之间的纽带。这种有效的经历，通过两个身体的互动，将熟悉的事物、过去的事物和新的事物结合在了一起。

在治疗中，触碰既可能引发尴尬，也可能成为彼此之间充满敬意的相处方式。这种相互的重视，恰恰因为无需用言语表达，才得以生效！这一切，多亏了它的节制和小心。

也正是因此，生活才得以成为鲜活的生活。

回忆感受的秘密

作为一名心理治疗师，我既肩负责任，也承担道德义务。在涉及性暴力问题时，情况就更是如此。一方面，随着性暴力在社会上引起热议，相关的伦理规范已经日趋完善。现在，许多行业协会都有自己的伦理准则。

另一方面，没有哪个话题能像性暴力问题这样，逼迫心理治疗师公开表明自己的态度。这有时是为了表明自己的立场，有时是为了在来访者面前表达自己的同情。当然，鉴于心理治疗的敏感性，后一种做法其实并不常见。但这又是另一个话题了。

这样的同情，必然会要求做出改变。例如，某些童年时期发生的事情、关系和经历，是来访者所未知的；这些秘密，不宜在治疗关系中公开，只能用言语去暗示。再者，假如有证据表明来访者可能曾遭性侵，那就必须将他/她和参与此事的人隔离开来。对许多心理治疗师而言，这是展开心理治疗的根本前提。

但是，如果这些有着充足理由的治疗诉求使得来访者陷入了困境，情况就更为严峻了。这种潜意识之中难以忍受的情况，甚至可能导致治疗的中断。

在一位严格受到清教徒式教育的女士身上，就发生了这样的故事。母亲要求她做出改变："换个样子，你就是好样的。"可她却把这番话视作对自己的贬低，认为这是在要求自己"做一个不一样的人"，同时也是在诅咒自己。因为做不一样的人，就意味着陷于母亲的掌控之中。

母亲的这番要求，就像一种"邪恶的声音"，让她难以挣脱。与此同时，她觉得自己生活在“邪恶的阴影”之下，却说不出这个阴影究竟是什么。她只能回想起父亲虚伪、贪婪的笑容，以及他拒绝把自己当成女人看待的一幕，但却回忆不起更多的细节。她生活在一个情感的中间地带，这个地方如此模糊，就像是隐藏着一个秘密。它不为人知，却具有很大的影响力！

她一直被噩梦驱赶，受到痛苦、疲惫的折磨，对于一切显得过于敏感。

如果治疗要求这位女士做出改变，那从前的自卑又会重演。唯一不同的是，这一次治疗师也参与其中。

另外，积极配合治疗，对她而言也是一种自我贬低！

感受自己，又会让她产生那种生活在“邪恶阴影”下的感觉。从前的诱惑让她投身男人（父亲）的怀抱，让她爱上了父亲，也让她陷入了难以消解的矛盾之中。她把这件事情当作一个秘密的约定，一个血誓，决不允许自己再触及此事。

“这件事不能让任何人知道。”

所以，治疗的首要目标，是让她感受到我们对未知的事物充满敬意。我们将陪伴她探索模糊的空间，认同她所说的一切事实！

而不是去改变它，或是在她没有承认之前用言语去揭发它。

身体的症状，成为治疗中约定的相遇地点。它们在不泄露玄机的同时，反映了回忆感受的秘密。它们以隐晦的方式，呼吁我注意这个女人的脆弱和情感负荷，警醒我不要把她逼得太紧！

对我而言，那是一段充满了不安和冒险的日子。我犯了错误，沉浸在自己的幻想、猜测和指责之中；而我的这些尝试和谬误，却在不经意间伤害了她。

围绕着身体展开的工作，我的在场，以及我那可供她触碰的身体，帮助我走进了她模糊的感受，继而在其中迷失了方向。那是她无声的回忆，也是她遭父母百般侮辱的过往。

那时的她，就这样被夹在面前“邪恶的目光”和背后“邪恶的阴影”之间，腹背受敌。

一天，她坚决地对我说，自己决定绕过保险公司，单独结算心理治疗的费用。她不希望保险公司找人评估她的身体状况。她不想将自己的内心世界示人，还说已经受够了医学的折磨。这无疑给我出了一道难题。由于缺少必要的鉴定材料，保险公司无法为她报销治疗费用，治疗也就无法展开。我知道治疗已经刻不容缓，但又不想逼迫她做自己不愿意的事情。

坐在我面前的这个女子身材矮小，体态瘦弱，看向我的样子十分怪异。她的脸上，不时闪过女孩般天真的笑容。我不知道这种笑容是她内心的真实写照，还是用来掩饰治疗开始时尴尬的手段。她轻微侧过身子，眼睛无神地望向一旁，样子看上去十分柔弱。

这几乎成了一种仪式。每次她来到这儿，都要这么冷静一会儿。她不想在治疗中失去独立性。在我面前，她一直努力控制自己，表现得规规矩矩。她的着装有些过时，几乎没有任何显眼的色彩，但还算得体。有时候，她会戴一条彩色围巾，算是给自己抹上一眼亮色，也算是给疲惫、痛苦、孤独的生活带去一丝希望。她独自一人带女儿居住，平时忙于业务，工作勤奋投入，也努力追求平等。

工作让她感到满足和充实。但不久前，她被暂时停职，甚至有饭碗不保的危险！

为了减轻身体的痛苦，她四处寻医问药。但没能获得明确的诊断结果，也没有明显的收效！甚至，都没能得到别人的理解！

她说，这实在是太可怕了，晚上她都没法安心入睡。每天早上，她都要花费好几个小时，才能适应背部、颈部和头部的剧痛。每次她刚开始做点什么事情，就会感到身体虚弱，筋疲力尽，四肢疲惫不堪，最终只得匆匆作罢。不久前，她被鉴定为丧失劳动能力。人们劝她提前退休。

见到她如此固执地坚持在医生和保险公司面前保持独立性，我也变得有些不安。她的情况如此严重，在我看来，必须及时通知保险公司为她支付治疗费用。这个女人，为何偏要反对这一点呢？她可是口口声声地在说，疼痛得不到缓解，让她十分绝望啊！

“那些医生会怎么想我啊！他们完全看不到我的价值！”

我惭愧地发现，很长一段时间以来，我都没有公正地对待这个女子。我被她表面上的独立所蒙蔽，却没有意识到，这其实是她绝望的挣扎。她希望借助这种独立性，挽救自己身上最后一丝生命的火光。

她的独立就像一件罩衣，掩盖了她易碎的灵魂。这一切，甚至差点蒙过了我。很长一段时间以来，我都被这层表象所蒙蔽，没有去追问其背后的事物。我未经细究，就接受了一个事实：她不遗余力地进行自我保护，甚至不惜承担痛苦。这样一来，我就认为自己没有去刨根问底的义务。

听她说起痛苦的困境，说起自己得不到安宁，甚至被折磨得疲惫不堪，我不禁羞愧难当。

我们不妨设想一个小孩身处黑暗的洞穴之中。为了获得宁静，他强忍着无尽的孤独，在一条条通道和分叉中躲逃，直至陷入迷茫。最后，他看不到任何的希望，只得对黑暗习以为常。

她反复强调说，自己不愿将内心示人。听到这里，我恍然大悟。要不是她在绝望之余，再三要求我尊重她的意愿，不许我把报告寄给保险公司，或许我们就这样擦肩而过了。

作为医疗体系的一部分，保险公司在收到这一信息后会怎么做呢？它可像生物一样具有感情？它会不会进一步向她索取资料和信息，迫使她回忆，从而剥夺她最后一丝在精神上幸免的可能？提供这些信息，无异于任人摆布，从而遭到毁灭。被这套医疗体系毁灭。

要想让保险公司承担治疗的费用，就必须付出这些代价。

我依然想过说服她，让她找人给保险公司鉴定书，因为她无力承担治疗的费用。

从实际和经济的角度上来说，这无疑是“正确的”做法。但从人性的角度看，这却是“错误的”！

我告诉她，自己在治疗伊始对她有些误会，因为当时我没有见过她无比受伤的样子。我被面前的假象给蒙蔽了。我为自己感到羞愧，也知道我的轻率肯定伤害了她。我想尽可能地弥补这一切，挽救尚能挽救的事物。一想到面前这个自顾自露出神秘微笑的弱女子，不得不独自面对疲惫、失望和绝望，我有些不寒而栗。

我良心难安，想要给她抛出“救命稻草”；但我能做的，其实也只是用善意的方式给她陪伴。我不想分析她的状态，只想帮助她在平常的日子里获得稳定、乐观的生活感受，使她无论面对什么都能感到安全。我不敢对她许下承诺，也不敢过快地向她提供帮助，只是把自己当作见证这场危机的目击者，对她孤独的窘境表示理解。

但我也是一个十分无助的目击者，既想弥补过错，又想给她充分的尊重，与她达成协定。

后来，我们终于更新了彼此之间的治疗协议。这让心情复杂的我，又在不安、危险的治疗关系中看到了希望。这份协议宣告了新的开始。过去我施加治疗影响的方式，让我感到惭愧；而这个弱女子，却一直在默默忍受。现在，我们终于要和这段时光说再见了。至少在我看来，这份新协议给了我们信任的基础，使得我们能在不确定的未来友好相处。当然，这一基础还将不断接受考验。

也就是说：接下来的治疗，没有痛苦的自白和揭露；我们共同的治疗冒险，将建立在充分尊重未知和脆弱的基础之上。

这是一个新的开始！

这是一个双重意义上的新开始。治疗她身体疼痛的女医生，在和我的谈话中，也证实她对治疗效果心存疑问。起决定性作用的是她的个人经历和心理状态。这位年轻女子虽然对所有的检查和治疗都十分配合，但最后却总是在忧虑中退缩，认为一切都不可能改变，一切都是她的错，她必须为此承担责任。

在我这儿，情况恰恰相反。她对我说，自己对医学治疗充满信心，反倒对心理治疗的效果存有疑虑。

即便是在她所深爱的男友面前，她也无法放下警惕，或是坦然接受他的照顾。她总能找出他的不是，拒他于千里之外。

在她的心里，有一种魔鬼般的声音在一直警告着她，强迫她约束自己，将任何自主行为扼杀在摇篮之中。

她对谁都不信任！

在和我谈话时，她一直表现得十分镇定和内敛，直到说起户外和邻里的噪声时，才有些情绪失控。这些噪声对她造成了切肤之痛，让她在夜里根本无法入睡。她觉得，这是魔鬼在故意捉弄她，对方想要夺取她的睡眠，从而将她逼疯。

就像当年，在母亲凶狠的注视之下，那个小女孩被拘谨、保守和宗派化的教育方式牢牢束缚。她心惊胆战地过着清教徒的生活，就连孩童的正常需求和愿望也受到种种限制。在恐惧的作用下，她完成了几乎不可能完成的任务：在教室里，她看上去和同学并没有什么两样；但在母亲面前，她表现得言听计从。

“必须穿上恶心的长裙时，我就把它卷起来。哪天我想在学校里穿裤子了，就把它藏到书包里，去外头的公园里偷偷换衣服。因为在学校里穿长裤是不被允许的。”

这个女孩，就这样活在两个世界里。

她用颤抖地话语小声告诉我，母亲那“邪恶的目光”，在她的心中深深地打下了烙印。它操纵着她的人生，也让她感到害怕和恐惧。

她那不引人注目的独立，她那控制自我的绝望努力，是否是她在母亲面前保护自己，好让自己不被毁灭的最后挣扎呢？

回顾自己的人生，她说，这一切也是徒劳。她不断让自己受到伤害，再把造成这一切的责任都归咎于自己。惊愕不已的我，在情急之下恨不得把这个弱女子揽在怀里，将那无处不在的“邪恶目光”从她心底揪出。但我很快便发现，母亲对她的掌控，还在她身上像寄生虫一样繁殖。我没有征得她的同意，就指出了这一点，并开始不由分说地对这一“邪恶的目光”进行了无情的批判。

她沉默着坐在原地，一动不动。她的眼里已经热泪盈眶。我紧盯着她的眼神，已经将她牢牢地吸引住！

看起来，她一方面不敢对母亲有半点不敬，另一方面又想要摆脱这种已经深入内心的毁灭性惩罚。在犹豫半天之后，她给我讲了两个可怕的噩梦。说话时，她紧绷着腿蹲坐在椅子上，一侧的肩膀就像防护墙一样高高耸起。

第一个梦：

还是一个孩子的她，躺在父母的床上，睡在两人中间。母亲就在她身边。但与此同时，母亲似乎又在父亲的脚边喷洒着毒药。她用凶恶的眼神看着自己的孩子，虽一言不发，却已将这一幕深深地映入了孩子的脑海里。这种恐惧，一直与她相伴，直到她从梦中惊醒。

第二个梦：

还是一个小孩的她，骑着三轮车朝母亲驶去。可母亲却突然怔在原地，伸出手捂住嘴巴，瞪大着眼睛惊恐地盯着孩子看。她立即感觉到，自己的身后站着一个可怕的坏人。她给吓了一跳，在惊叫中醒了过来！

她说，自己虽然不认识这些神秘的坏人，但他们就一直陪伴在她左右。同样挥之不去的，还有母亲那邪恶的目光，它让她感到痛苦，想要将它毁灭！在意识到母亲的话曾在多大程度上束缚住这个女孩的人生之后，我仿佛也在房间里感觉到了那股邪恶目光的存在。

母亲说："换个样子，你就是好样的！做一个和我一样的人。勇敢些，听话些，顺从上帝的旨意，融入基督徒的世界。家园和救赎，将是你能得到的奖赏！"

这番话，给了年幼的她一种心理暗示：她不能顺着自己的感受和心意过活，也不能跟其他孩子一样，自由地嬉笑玩耍。

"因为如果你顺从自己的感受，那你就是个坏女人，是个异类！

"所以，赶紧换个样子吧！"

这番话就像一个恐怖的深渊，使来访者亲手将所有的治疗努力和改变尝试毁于一旦。

要想摆脱痛苦、告别疲惫、重回工作岗位，她必须顺从自己的感受，也即做出改变！但这样的改变，却被打上了罪恶的烙印。

我是否也在鬼使神差之下，在治疗过程中向她传递了做出改变的信号，从而像她母亲那样在用"邪恶的目光"注视着她呢？莫非我这么做，只是换了另一件外衣，借着帮助她的名义在做着和她母亲一样的事情？

我以一个帮助者的身份，要求她顺从自己的感受，我是一只披着羊皮的狼吗？我要求她作出改变，但与此同时，从心理动力学和感受的角度看，我其实是在做她母亲的传声筒。

“换个样子，变得像我一样！（而不是做你自己。）”

我屏住呼吸，在一片沉寂之中感受着空气中蔓延开来的恐惧。在治疗中追求改变的努力，反倒让我更加近距离地感受到了它的存在。

“换个样子，你就是好样的！换个样子，你就会被我所掌控！”

抗争是徒劳的。任何试图改变她主诉症状的治疗努力，都会被与“邪恶的声音”联系在一起。它就像女妖“罗雷莱*”那动人的歌声，给人希望的假象，使人在被她吸引之后遭受毁灭性的打击。

这位弱女子，为何要这般追求责任和独立？因为她需要这种所谓的安全感，但后者却有着她不可承受的重量，甚至能将她毁灭。

我没有去抗争，而是偷偷潜入了这股“邪恶的声音”之中。从今往后，我们当然还要努力改变她的主诉症状，但我们必须采取温和的方式，以减轻她的痛苦。

与此同时，她也可以有充足的时间，去感受自己，体验和我之间的关系，而无需做出改变。

改变和感受，二者缺一不可！

我觉得自己就像一个间谍，潜入了“邪恶的目光”之中。在那里，我遇见了这个弱女子，也惊讶于她的坚韧和顽强。她没有放弃，没有被制服，勇敢地忍受着痛苦。她找到了避难的地方，依然能够正常与人相处，甚至还能在一家城市日报上班工作。她的这份机敏，是我所钦佩和支持的。

这位弱女子的痛苦、眩晕和疲惫，都是心灵被“邪恶目光”攻陷的结果。但与此同时，它们也是她最后的逃避和救赎，是她感受自己的方式。

这是否也是她善良自我的表现呢？

---

* 罗雷莱(Loreley)为莱茵河上一块能发出回声的岩石，在民间传说中被喻作一个美貌的女妖。——译者注

我开始意识到，她对一切心理和医学治疗的反抗，其实都有意义。那是她感知自己的绝望尝试。即便是在痛苦和反抗之中，也在所不惜！

消除她的主诉症状，就意味着撤走她脚下最后一块坚实的地砖。那样一来，她将坠入邪恶的深渊。

外在的邪恶目光（母亲的眼神）已经和内在的邪恶目光（由此得来的情绪感受）紧密相连，使得她无法去感受，甚至从最初的自卑走向了（自我）毁灭。

我希望把这种紧密的联系当作一个没有界限、没有名称的感受空间，让它渗透到治疗关系之中。我希望潜入其中，戒掉这一“邪恶目光”的面具，使它失去效力。

这无异于火中取栗！我可能会陷入窘境，甚至反倒成为“邪恶目光”的帮凶。

她回忆说，自己小时候在母亲身边玩耍时，也一直安静收敛。

因为母亲不想被自己的孩子打扰！不愿为她伤脑筋。

她并没有做出任何出格的举动，只凭她那“邪恶的目光”，就在女孩的心中投下了一片阴影。这片区域成了一个一成不变的无人区，孩子的回忆从这儿开始，母女之间的复杂关系也从这儿滋生。

“一个人是什么样，最后就会成为什么样。”这个小女人一边说，一边把一切的错都揽在了自己身上。

我邀请她和我一道，想象那个脆弱、娇嫩、天真的小女孩的内心活动。我们所见证的一切，乍一看并无特别之处。我陪伴着她，邀请她做一场角色扮演游戏，去注视那个小女孩，触碰她，和她对话。

她鼓起勇气，试探记忆的灰暗地带。她看到了自己的胆怯、害怕和羞愧，但也看到了自己的骄傲。正如她所一再强调的那样，面对那个正在玩耍的小女孩的目光，她敢于作出回应。有那么一瞬间，那层紧密的联系似乎露出了些许缝隙。她看见了自己，触及了自己脆弱的心灵，见识了那个想象中的女孩。我想把她揽到怀中，给她力量，将她拽出“邪恶目光”的包围；但我知道，那样做会毁坏她的根基。所以我就像一个证人一样默默在场，但依然保持警觉。为了让她感到安全和放松，我只想以一个不可触及的陪伴者的姿态出现在她面前。这样做可以确保我们和平共处,也帮助她更好地感受一切。

突然,她的目光似乎从那个脆弱的女孩身上移开了。我注意到,她在竭力克制自己的感伤。那是一次感人的回忆所带给她的感伤,是一次幸福的感伤,一次充满回忆憧憬的感伤。她渴望摆脱孤独,渴望不再孤身一人,渴望受到他人的宠爱。

"这些年来,我就是太懦弱了。"她自怨自艾地说。最初那胆怯、害怕、羞愧与骄傲的集合,似乎又显露出了轮廓。她没有在经常被人批判的外部世界生活的经验,她为自己对生活、活力和性满足的恐惧而感到羞愧。这样一来,她又再次关上心门,缩回了自己的内心世界之中。

我想,也难怪她的身体动作会失去协调性。其他人当然会不明就里地嘲笑她,所以她也只能孑然一身,靠摆出一副拒人于千里之外的高傲架势来拯救自己。那样子,就像她根本无需做任何事情!

"但是,"她说,"恰恰是这种做法让我筋疲力尽,直至生病。"

我既无法帮助她,也无法给她支持。或者,我将成为她自卑的牺牲品,努力的失败,只会助长她的骄傲;或者,我将伤害她的羞耻心,把她的高傲展示给他人。所以,我提议自己只做一个警醒但沉默的见证者。这就给了她选择接受或拒绝的余地,也给了她力量、信心和自尊,却令她无需承担任何责任。就这样,事情不费吹灰之力就得到了解决。我不会向她提任何要求,她也无需做任何改变。我只是一个见证者,一个陪伴者,我接受她现在的样子。

这一切,是这位弱女子所从未经历过的。

"我觉得自己与生活的美好绝缘。"她说,"我生活在悲伤之中,看不到希望。"

她沮丧地说,自己的体内像是生活着一只魔蜥*。它夺走和驱散了所有的光芒。它时而在不经意间飞向她,张开巨大的翅膀遮天蔽日。消失在地平线上之后,它的翅膀仍然在记忆中不停舞动,驱逐着阳光,

---

* 莫洛赫(古代腓尼基人所信奉的火神,以儿童作为献祭品),比喻惨无人道或贪得无厌吞噬一切的力量。——译者注

使她陷入眩晕和昏厥之中。

在认真说起这一想法时，她睁大了眼睛，努力地压制着深深的恐惧。

她就像瘫痪了一样，整个身体都软了下来。我小心地提议，由我来托住她的头部，帮她减轻压力。

接下来的几秒钟里，我站在她的座位后方，让她的头靠在我的肚子上。我把手放在她的额头上，动作很轻，就像羽毛一样，她几乎感受不到任何重量。

她在沉默和悲伤之中，感受到了从未感受过的一切。我触摸她的头，而她则用头触摸了我的手。

她知道希望的种子已经种下，但她自己就是那棵遭到践踏的植物。她意识到我们之间的接触，也感到安全。但同时她也感受到了死亡无声的威胁。

尽管如此，她还是冒着风险，迈出了这一步！

有时候，我们能成功地把无声的神秘约定、身体感受和画面变成话语和猜测。这一切，是有所顾忌的她所一直不敢做的。她的眩晕感，正是内心感受强烈的表现。但几秒钟后，这澎湃的感受又如潮水般消退了。

有那么一瞬间，她在椅子上坐起，挺直胸膛。但没过多久，她又在疲惫和折磨中，陷入了晕眩之中。

她自怨自艾地说，这就是她无法追随内心感受的原因：她是个坏人，因为她感受得太多，也即要求得太多。说这些话时，她一动不动地坐在椅子上，眼神空洞地望向前方。我恨不得把她抱在怀里，给她送去温暖。但我知道，这样做很危险，可能会吓到她。在没有事先警告的情况下，这样的行为无疑越界太多，从而会造成毁灭性的后果。她将根本无法理解和感受发生的这一切，却必须承担由此带来的后果、痛苦和疲惫。

我知道这般局势其实危机四伏。这样的危险，可能会造成反噬；极度的痛苦，可能会引发难以承受的危险。这样一个莽撞、随性的举动，将会再度对她造成毁灭性的打击!

她说,幸好自己还有那些娃娃。现在,它们一个不少地躺在她的沙发上,谁都不能离开自己的位置。每个娃娃都受到悉心的照顾,也承载着她的回忆感受。在她那无法言说的内心世界中,它们就是她的生活伴侣。它们代表了那些隐藏在那个脆弱的女孩心中的那些不同的回忆画面,为她驱散围绕在不幸童年周围的那些可怕妖魔。如果她能感受到光明的温暖,能够找到一个正大光明地获得宁静的地方,那她就能鼓起勇气,重新拾起自我的碎片。可实际上,她却一直受到完美主义的压迫和折磨。她渴求完美,希望能用认真、诚实和可靠以及对他人的极端批判态度,为自己赢得认可和尊重。

但在她内心的孤岛之中,追求认可的愿望和强烈的自卑正在激烈地交战。她把这视作自己四处受敌的(潜在)表现。个人的猜忌和他人的粗暴拒绝,以一种难以解释的方式混合在了一起。

此时的她,已经热泪盈眶。她的神情,似乎是在缅怀那些娃娃、玩具熊和宠物玩具所带给她的回忆。这些被她小心守护的绒毛玩具,正是她回忆感受的代表。但她虽然守护着它们,却并没有和它们建立内在联系。这一切,就像是孤岛上的道路。

她守护着它们,却没有和它们建立内在联系。她把这些毛绒玩具救到沙发上,仿佛在传世神话之中,就流传着一个需要守护的秘密。

她说,自己还会再接受一次谈话,之后就将终止治疗。

我几乎要惊叫出来!我预感到了最为糟糕的事情。她那脆弱的外罩,依稀已经在我面前破裂。

她说,自己已经无力支付治疗的费用,也不想继续对我造成负担。同时,她也担心自己会对我产生依赖,所以她要恢复理性,正视自己的放肆。总之,她已经得到了足够的治疗。

面对她这番难解的内心挣扎,我也有些不知所措。这种矛盾,真真切切地写在她脸上。如果她继续接受治疗,继续和我保持那种初生萌芽的安全联系,允许我见证她的离奇经历,那她就必须保留自己的症状,忍受痛苦和无尽的疲惫。如果她选择终结治疗,那就等于尝试走出

“病态”;这样一来,她就必须牺牲原本刚从我这儿看到的希望。但是,她在治疗过程中和我的每次会面和相遇,都会产生旷日持久的效果,对她产生(深远)影响。

我绞尽脑汁,思索究竟该说些什么。我也没想到,自己竟会提出一个这般冒险的方案。我提议我们改为每个月见一次面,这样费用会便宜一些;另外,我们将一口气预约接下来的十次会面,好让治疗的进度更易掌控,同时减少产生依赖的危险。

反正她在生活中已经失败过许多次。现在让自己避免做一件事情,反倒是一种讽刺。

毕竟,情况还能怎么变得更糟糕呢?

最后,她留下了!她决定不终止治疗!

她还告诉我说,上次回家时,喝醉酒的父亲恬不知耻地骂她“婊子”,不让她进门。每次他失去自制力时,就会这样咒骂她。从现在起,见到暴怒的父亲再这样骂她,她将不会再忍气吞声。

那一次,在母亲的百般恳求下,她最终留了下来,好让她不必独自和这个男人共处一室。

除了她 3 到 4 岁的那两年,父亲一直这样性情暴躁,让人害怕。

她坐在那儿一动不动,双眼空洞地盯着诊所外棕色的田野,给我讲起了童年的可怕经历。说这些时,她不敢正视我,整个人蜷缩在椅子上,像是在内心里积蓄着力量。

这是她生平第一次跟父亲划清界限,也是她头一次正面顶撞父亲。她这么做,只是为了不再失去她仅有的东西。在他面前发火,她绝不会后悔。

我想象着两股力量的碰撞:一方是父亲的盛怒,一方是女儿倔强的高傲。为了这一决定性的一刻,他们已经鬼使神差般地准备了许多年。在很短的时间里,一切即将出现分晓。

两天后,父亲想要用转移注意力的方式,让她忘记这一切。但这一次,他失算了。这一次,她没有再向他妥协。这一次,他实在有些过分了。

我成为了回忆的目击者，见证了这对父女之间令人作呕的一幕。在这起变故中，虽然没有发生什么，但人们已经能够隐约嗅到乱伦的味道。生病的父亲躺在床上，年幼的她在厨房间里玩耍。在父亲叫她过去时，一切就像一场仪式。父亲面带冷笑，不露声色地询问她究竟在玩些什么。她觉得父亲其实并不是真的关心她，于是就自顾自地继续玩。但是，她能感觉有一股看不见的光正禁锢着她。她的一部分自己继续玩着儿童游戏，另一部分早已爬到了父亲的床尾，望着他虚伪、贪婪的笑容。

她说，自己从来没有被爱过。她从未在父亲那儿感受到友善和温暖，也从来没有享受过父爱。

但她却不计后果地爱上了父亲。她像是着了魔一般，反复爬到他身边，并为那个还在厨房里自顾自玩耍的孩童感到悲哀。

"我从没被爱过！但人们总会爱自己的父亲！"

我们的对话，揭开了一道无比可怕的面纱。十分警觉的我，正好发现了这一点。她什么都回忆不起来，或许什么都没发生。但谁知道呢！

后来，她日渐出落成人，可父亲却根本不吃这一套。他从没意识到这一点，而她也从来不敢正视父亲。她不敢看他的眼睛，不敢面对父亲和自己的样子，不敢把面前这个人认作自己的父亲，也不敢面对隐藏在父亲目光背后的一切。

我听得有些烦躁，恨不得从我的椅子上滑下来，但最后还是控制住了自己，继续保持警惕。我想出手干预，但不知道该从何下手。我想保护这个小女孩，却记起自己曾经对她造成的伤害。我知道，掺和这件事情有多危险。我相信自己的所见所闻，也知道自己正在揭露一个无比可怕的事实。

我仿佛深陷漩涡之中，不得不逆流而上，只为逐步接近真相。我这样抗争，是为了能正常呼吸，是为了能在对岸找到救我上岸的树枝。无论当时发生了什么，它必然对那个弱小的女孩造成了毁灭性的打击。当时的她，是多么的沉默和孤独！

小时候，她躺在尿布台上，由坐在一旁的父亲为她换尿布。

当然，父亲少不了对她“一番鼓捣”！

这是她的猜测，还是她的回忆？

对此，她没有记忆，也无法用言语来形容出那幅画面。不过显然，父亲不许她把这些告诉妈妈！

在她看来，保守这个秘密的约定，似乎是理所当然的事情，也是一辈子的事情。迄今为止，没人知道这些。我是第一个听说这个秘密的人。

我不知道自己究竟应该感到欣慰，表现出愤怒，还是应当为她提供保护，只能呆若木鸡地坐在原地。我听到了一个难以置信的真相；恰恰是在我的见证下，它成了一个清楚的事实。这位弱女子，已经不是唯一知道这个秘密的人了！

我努力不让自己的感受惊吓到她，避免过快地揭开那道无比可怕的面纱。

见证了这层真实关系，也意味着我已经离她很近。我表示愿意继续聆听，同她一道揭开这道面纱，捅破那层窗户纸。

从而相信这一切！

她沉默地坐在原地，露出难以置信的神情。她说，自己回家之后，依然会珍惜我这个可靠的见证者。

从前，她义无反顾地爱上了父亲，甚至跪伏着爬到他身边。在这个过程中，她既受到吸引，又感到恶心。

可是现在，他却抛弃了她！她留下来，只是为了保护母亲。

母亲一心只想让家庭和睦，所以丝毫不顾女儿的感受。

她羞愧难当，不知该何去何从。她选择留下来，尽自己的本分。小时候，她会利用好每一次高兴的机会，让自己像花儿一样美丽绽放。

她沉浸在这种虚无缥缈的美丽之中，在内外世界之间的中间地带迷失了自我。在外部世界中，她受到一种奇特、极端的约束，一方面要为父亲保守秘密，一方面又受到母亲的贬低和排挤。

在内心世界中，她为了保持自尊，一直在做着绝望的抗争。她试图用缺少回忆的话语、生活的责任、对他人的不断怀疑和供人指摘的爱情描述去拯救自己。

身体的回忆感受不断折磨着她，造成了难以疏解的症状和痛苦。

童年的爱，让她深陷其中，百般受罪。她忽视和滥用了自己纯粹的灵魂，却又不想承认这是生活的真相。

在我的脑海里，似乎有一个人在提醒着我。他眯着眼睛，用尖锐、轻微但却无比清晰的语调，提醒我注意一些公开的言论、女权团体的再三声明以及专业杂志和媒体上不无道理的要求。我早就该想到这些了！情况如此明显。所有的症状和叙述，都暗示她曾在儿时遭受性侵。

这个虚拟的声音可谓正中要害。一来，我本就有些过意不去；二来，作为一名心理治疗师，我有自己的道德责任，所以未免有些束手束脚。我回想起心理治疗师协会制订伦理准则的过程。我知道，人们经过多次无情的讨论，才将这些伦理准则逐一规范。它们就像一座堡垒，抵御着魔鬼的诱惑，以防我们在猜测到性侵可能发生时，依然将信将疑。

就这样，伦理遭到滥用，成为了罗列信条的依据；这样的约定，又将一批信仰坚定的心理治疗师聚拢在了一起。他们立下誓言，无论如何都会勇往直前。

拯救受害者！惩罚施害者！

听完这位弱女子的叙述，我感受到了她那脆弱的灵魂。我犹豫地扶住她的头，给她力量，好让痛苦不至于切断她最后一丝生的希望。

当时，在尿布台上究竟发生了什么？当她爬向猥琐发笑的父亲时，究竟受到怎样的折磨？

我想起她把玩偶和毛绒玩具小心地保护在沙发上的场景。与此同时，邪恶也在她内心里生长。这股罪恶，已经在生命中给了她一记响亮的耳光。

我听她迫切地说起自己对抗朋友和男人的经历。她总是先默不做声地忍受一切，直至突然锋芒毕露，对男人反戈一击。她做得很绝情，直至与人恩断义绝！

消灭一段心底里其实暗自向往的关系！

我生怕被脑海里那个受主流观点影响的声音所征服，屈从于它的说教，毕竟它代表了公众的意见。那样一来，我就必然会做出让人皆大欢喜的猜断：

这是性侵！

这位弱女子所经历的一切，自然是十分可怕的。这肯定是某种造成恶劣后果的不正当关系。我甚至无须寻找特定的证据，思考那位父亲究竟做了什么，就能做出这个判断。我可以站出来替她说话，仿佛当时我就在场。我将严肃地对待她的情绪，鼓励她及时和父亲划清界限。

我将坚定地告诉她我的立场：有时候，人们并不需要证据，也无须对真实性进行考证。我可以用身体治疗，帮助她应对难以言说的情绪和秘密。

意识到自己其实抵触这种想法，我不由松了一口气。在内心里，我告诉自己：现在，我还无须顺从主流的专业观点，屈从于公众意见这一新时代的酷刑。

它们以为，即便只是发现了十分模糊的特定迹象，也足以断定曾有性侵发生，继而采取某些措施。或者，一些女性不确定的幻想，也会被当作性侵确实发生的证词。

我们两个似乎都理解这一切。我们保持着一定的距离，在彼此尊重的前提之下打着交道。在这个过程中，我们头脑清醒，言语直接，彼此亲近。我们没有义务使用那些近似刑讯逼供的辅助手段。

我庆幸有机会通过身体接触，在无声的交流中和她建立起一个彼此信任的平台。这种可以被感受到的真实，建立在身体接触和私密交流的基础之上。它发生在此时此地，清晰明了。

我们之间进行着身体的对话。我摇动她的头，将掌心的温度传递到她冰冷的踝骨之上，把手放在她的肚皮上，随着她呼吸的节奏来回振动，或是卷起手掌，托住她被痛苦碾压的脖子。

或者，让她用网球拍使劲拍打垫子，以此显示抵抗无尽痛苦的决心，以此反抗医生和鉴定专家的反复鞭笞。

我在接触中感受到她的身体：她像玻璃一样脆弱，她的挥击充满着仇恨。她一再遭受着打击和毁灭。

摆在我们面前的，是漫长的治疗之路。但是，我们之间的相遇、对自己身体的感受以及她融入世界的信心，将起到决定性的作用。

她不应只做一个受害者！

带刀的女钢琴师

在一次为一位女同事提供咨询建议(督导)的过程中,我们原本只想弄清一个诊断问题,却发现来访者的原生家庭有乱伦的倾向。我们发现,这个家庭有着一个近乎变态的游戏:父亲写关于母亲的“色情诗”,交给女儿熟练背诵,再反过来和母亲一起笑话她。这一切,几乎成了一个仪式。

另外,这个女孩时而被父亲,时而被母亲当成盟友。每个人都跟在她面前抱怨对方,抬高自己。女孩努力地不得罪任何一方,被夹在父母之间耗尽了精力。她已经分不清什么是爱,什么是功利。

内心僵硬麻木的她,产生了一种不愿承认的幼稚幻想,把自己当成父母爱情的催化剂和担保人。她觉得自己不再是一个孩子,却又渴望得到父母毫无保留的宠爱。

“我们高人一等。”为了掩饰乱伦的家庭秘密,父母这样暗示她说。女孩又是羞愧,又是自卑,开始自己瞧不起自己。她虽然还在履行着自己的义务,却在心底觉得自己有罪。

身体的症状(眩晕、麻痹等),帮助她逃离悲惨的现实。她那不受控制的沉重呼吸,就像一阵迷雾,隔断了有意识的体验。这股神秘的力量,横亘在诱惑和恐惧之间。

她一心想要和“理想的母亲”融为一体,依偎在她身旁,把生活的责任全抛给她。这正是她在接受我那位女同事治疗时的表现!

在对方身上,她感受到了尊重,这使得她得以慢慢恢复自尊。正是在这份尊重的基础上,她们才谈起了性欲。这是女人之间的对话,也是母亲和女儿之间的谈话。

童年时，父母告诉她：男人就像动物。这个消息毁了她的生活。治疗的目的，就是让她意识到这一点。

她的母亲，以宗教般的严厉，教会了她爱的服从；她的父亲，有着变态的性欲。这位深受荼毒的年轻女子，只能靠弹钢琴来逃避这一切。她的口袋里一直放着一把刀，时刻准备以死相抗。

我像往常一样，来到同事的诊所，在治疗室一个不起眼的角落里落座。遗憾的是，我的凳子时不时地发出一些刺耳的响声。我一直旁听她的一些治疗过程，并在结束后和她展开讨论。

这在心理治疗中并不罕见。对于心理治疗师而言，这是借助旁人的眼睛了解自己的好机会。旁观者的到来，既是一种支持，也会让人感到不安。对于来访者而言，这也同时意味着刺激和放松。这样的紧张感，是他们有意识的自主选择；它经常能唤起一些意料之外的感受和话题。

对我个人而言，这是不容错过的良机。它可以让我以一个旁观者的身份，平静地参与治疗过程。

起初，一切都是那么无害！

同事请我留意她究竟患有哪种人格障碍。这是一项艰巨的任务，何况我还是第一次见这位来访者——一位女钢琴师。

面前的这位女子，身材苗条，行事拘谨，目光警觉，略显紧张。她神色正常，面露笑容，只是声音有些沙哑。她反复问自己的丈夫是否爱她。现在，她感到绝望，因为正如她所一再强调的那样，自己只会把一切毁掉。虽然她知道丈夫很爱她，但就是不能相信他。她仿佛受到精神的羁绊，情绪激动地抱怨自己生性多疑，悲观绝望。

这些事情，她都无法和丈夫谈论。

一方面，她对他的爱半信半疑；另一方面，她又极为悲观，认为自己将毁掉一切。每天，她都在两种情绪之间来回挣扎。

她原本就含糊的声音越来越轻，我很难听清她在说些什么。看样子，她与我们分享自己此刻的身体感受，只是勉为其难的做法。

“现在我能感觉到肚子里有股暖流，这是好事。只要我感觉不到它，一切就完蛋了。”这便是她对自己的感受。在治疗师这儿，她感到安全，也希望兑现自己对丈夫的爱。

在那一刻，她沉浸在腹中的暖流中。但没过多久，她就变得沉默寡言，说自己不想活了，继而转移了话题。

我的同事几乎下意识地提议握住她的手。在我看来，这种做法有些太过直接。这一亲密接触的建议，自然是能带来收效的，但她有些操之过急，所以让来访者陷入了害羞和尴尬之中。她颤抖着身子，有些笨拙地靠近我的同事。她的双腿似乎已经不愿听从她的安排。她内心迷茫的身体感受，已经对行走造成了阻碍。（她感到烦躁，感到嘴角和手指等部位发麻。这是手足搐搦症的表现？还是因为害怕导致呼吸在潜意识中突然加剧的结果？）

偎依在那位坐在垫子上的同事身旁，她产生了一种恍惚的感觉。

“要不是肌肉和骨骼都提不上力气，我真恨不得马上跑开。”她说：“那快要将我吞噬的，都是些什么感受啊！”说着，她抹了一把眼泪。这时的她，已经像一个孩子一样，自然地躺倒在同事身边。

她的状态正在失去平衡：一方面，她在我的同事身边，得到她的保护；另一方面，她的双脚又正在逐渐失去力量。她没有有意识地感受到这一切，也对此感到不解。

我的同事小心地与她交谈，语气中带着坚定。她的样子，就像来访者的母亲，或是一位年长的朋友。来访者的窘迫，显然被她看在眼里。

“放松一些，你将会得到力量。”她一边充满爱意地说出这番话，一面努力装出漫不经心的样子。她希望用自己的知识、用她对这位年轻女子处境的理解，去给她支撑，从而收获她的信任，解开她的心结。

我虽然只是坐在一旁，却也为她那“理想母亲”的形象所触动。那位年轻女子，似乎正在与她融为一体。终于，她可以显露自己的本色。望着面前这两个关系不平等的女子，我在激动之余，终于松了一口气。我的同事面色平静，一直在用清晰的话语为来访者付出；而那位女钢琴师却越来越不安，越来越烦躁。她越是这样偎依在我的同事身边，那股强烈的身体感受就越来越强烈，直至在她体内翻滚。

我能感觉到她的内心正在诱惑和恐惧之间暗自挣扎。虽然身体有了反应，她依然想继续这样躺倒。我感觉到了她内心的洪流，她的呼吸，正在以旁人几乎注意不到的方式不断加速。紧张感像皮肤一样，环绕在她左右。与此同时，她又有了一些神秘的、难以形容的感觉，觉得舒适、安全、被人尊敬。但这一切，却不能被她有意识地感知到。

用专业术语来说，这种现象叫作“无意识过度换气”（参见手足搐搦症的表现）。按照在治疗师中通行的观点，注重身体治疗的心理治疗师此时应力求不让来访者失去自制，从而彻底为这股幻象所蒙蔽。治疗师必须将来访者拉回到现实之中，中断这一安静、有趣、无声的内在过程。

但在我看来，此时出手干预这位青年女钢琴师的私密世界，即便不会造成伤害，也有操之过急之嫌。在治疗师面前显露自己的本色，不正是她不可撼动的权利吗？这不正是她之前想做却不敢做的事情，也是她在青少年时期一直孜孜以求的目标吗？她那么做，是为了适应父母对爱的设想。尽管这样的爱，其实并非她所愿。

重新坐起身后，她俩都放声大笑。女钢琴师说，今天的治疗就到这儿了。我的同事则继续为她鼓劲，并提醒她说：她原本可以尽早结束这一切。两个女人之间轻松的氛围，激起了联想，唤醒了记忆的碎片，促使她们在自己的生活中去寻找蛛丝马迹。最后，我的同事所扮演的多个不同角色，也发生了交叉和重叠：对这位女钢琴师而言，她既是母亲，又是治疗师和朋友。她们找到了共同的话题，建立起了女人之间的信任，甚至互相在潜意识之中将对方未能实现的愿望放在自己的身上来体验。

这一切发生得那么突然，就像有神秘的约定。以至于作为旁观者和男性的我，事先竟没有看出任何端倪。

女钢琴师说，对她而言，吐露心声远比沉默地躺倒容易。我的同事也几乎同时表示，她其实也害怕坐在那儿一言不发。

这两个女人是否将各自的情感界限融合在了一起，以无声的方式，委托对方去体验和展示自己所向往但却不敢尝试的事物？我的同事即便感到害怕，也宁愿保持沉默，她还是一直在开口说话，并把女钢琴师揽在怀里。后者虽然满腹怀疑，依然躺在她身边，听她说着话。

两个女人之间情感界限的融合，使她们之间的沟通和相处的方式变得极为模糊和随性。这个拥抱，让那位女钢琴师获得了被另一个女人宠爱的感觉。这样的情感，实在是太为强烈了。

她像是受到了催眠般的暗示，沉浸在拥抱之中难以自拔。在这个过程中，身体症状和身体感受依然是她所熟悉的领域。她正是在恍惚之间体验了身体内部的感受，实现了“救赎”，并借助这种方式抽身逃离。

我试着想象她的母亲如何无休止地纠缠自己的女儿。倘若一切都如她所说，那母亲就是在打着“我爱你”的幌子，无中生有地找她的茬。这个错误的游戏，是当年的那个女孩所无法逃离的。

面前这个坐在治疗室里的青年钢琴师，身材苗条，坐姿端正，高度敏感，烦躁易怒。她显得慌乱而僵硬，但可以看出她正在努力地摆正姿态，面对现实、婚姻的责任、工作和自己的职业愿望。

她在不经意间又强调自己有罪。

因为每天醒来面对他人，她失去的不仅是自己的感受，更是对自己的信心。艰难的生活感受，生生地束缚住了她。她所经历的一切，都是功利的；为了达成目标，她必须铁下心，将所有的爱意、好感和柔情统统拒之门外。

她这么做，只为得到爱！这样的爱，是从前空洞的承诺，它被用来欺骗那个小女孩，诱使她满足自己的需求。

我的同事靠倒在椅子上，讲起母亲的故事，讲起她对待自己儿女的方式。亲近和柔情，正在这两个女人之间蔓延。这样的氛围，能让人不由自主地获得“正确”的感受，实现自己的价值。

这一切，都在另一个女人的陪伴下完成。

对于这次充满爱意的相遇，我着实有些羡慕，但很快便由衷地感到高兴。我似乎被屏蔽了，遭到无视，但这也说明我没有给她们添乱。我想起自己在治疗过程中，也曾与男性有过类似的相遇。我意识到，对于治疗而言，没有压力、没有负担的同性关系与饱受性和乱伦困扰的异性关系的确存在很大差别。

在接下来的谈话中，同事告诉我，自己曾和这位女钢琴师有过数月之久的争执。在与这位来访者的相遇中，她曾有过犹豫，有过无助，也有过不适。听来访者用尖锐的嗓音讲述自己冲动的感受和在家里和丈夫争执不休的经过，她也会感到紧张和惊恐。在这个家庭中，夫妻二人有时能和平共处，只是每个人都小心地不去撕下对方防备的外衣。但在妻子失去自制力时，不幸就发生了！她曾砸过盘子，也曾撕毁过丈夫的文件。

有一次，她甚至拿起刀朝他冲去！

在这危机四伏的日常生活中，他们经常恶语相向，中伤对方。

来访者内心中毁灭一切的欲望，她反复出现的消极感和罪恶感，都毫无保留地表现了出来，促使她必须和对方保持安全距离，甚至不惜将对方消灭。

好在这一切还没有真实发生！

时机成熟了！她们似乎是在等待着我的出现，从而完成彼此的相遇，认识到自己，也感受到对方的尊重和价值。我这么想，是不是太过自命不凡了呢？今天，我在治疗谈话中见证了她俩关系的改善，这是否只是机缘巧合？这一切，是不是其实和我没有什么关系？

同事说，有我陪她和钢琴师见面，她感到无比轻松。这位女子，一直在为了获得宠爱绝望地努力。这种爱，是她童年所憧憬的，也是她因为父母的纠缠不清所未能得到的。

那是一个孩子眼中没有任何负担的爱。

她可以手握尖刀，为了这样的爱而战斗，也可以为此毁灭自己和丈夫。

经过数月的接触，两位女士似乎已经熟悉了对方。我的在场，让她们感到尴尬和羞愧，但也在内心里感到放松。她们允许自己以这种方式获得支持，感受治疗的意义。

“通过遵循自己的心意，将她揽在怀中，我给了她力量，使她得以体验和母亲紧密相连的感觉。”

当然，这也摘下了她多年来所戴的面具。她一直以为：“只有消极的生活态度才能支持我，所以我选择毁灭自己。”

那个带刀的女钢琴师，被从情感的混乱和迷茫，从堆积成山但却不被重视的消极感受以及父母毫无底线的越界伤害中拯救了出来。这一切，都要归功于治疗师亲近的引导。她邀请女钢琴师躺到自己怀中，大胆地体验毫无保留的母爱，也提醒她注意自己心中的那个孩子。后者在受到鼓舞之后，选择相信治疗过程中流露的母女之情，从我那位同事的付出之中获得了至关重要的支撑。

未来，我希望她能将“心中的孩子”（那是从前的她）从沉睡中唤醒，学会区分过去和现在，区分对生母的感受和对治疗师这个“继母”的感情。这种边缘的情感体验，将促使她与从前家庭中诱人陷入混乱的氛围一刀两断。这种主动划清界限的行为，意味着她将能在今后的体验中感知自己，坚持自我，拥有自主的个性。

从而做一个被爱的人！

这位女来访者需要被他人感知，从他人那儿获得基本的尊重。正如人们会把小孩子揽在怀里，保护他免遭罪恶的侵袭，她也必须在治疗的引导下，让自己的生活回归正轨。

获得认可，得以表现自我并从中收获快乐，将使她体验到情感的稳定。至于从专业角度看，这究竟是自恋还是边缘性人格，在此时此刻倒没有那么重要。

我们觉得自己就像一对父母，在孩子上床睡觉之后，开始讨论起为人父母的感受。我们相互分享自己在教育上的“不足”，并相互从对方身上获得慰藉。我们相互争执，有时也会感到绝望；但也正是因此，我们也更好地了解了对方的观点。

这一切，都是出于对孩子的爱。

我们讨论了母亲的话题，谈到了那位女钢琴师的母亲、同事的母亲,以及她自己做母亲的表现。当然也谈到了我的母亲。

从前,女钢琴师咄咄逼人的眼神,让我的同事感到迷茫和不适,让她觉得自己就像一个透明人。所以,她小心地不让对方注意到这些,不让对方感受到自己,也不愿和对方有太过亲密的接触。这一切,都是为了避免不安。

接着,她长出了一口气,说:“自从学会感受和信任之后,我和她亲近了不少。当然,我的心里也起了波澜。我做好了与她进一步交流的准备,也愿意和她进行身体和心灵的接触。这一刻,或许来得永远都不算晚。”

从前,父母之间令人捉摸不透的纠葛,让那个小姑娘无法将自己的情感和父母的情感区分开来。她的内心世界很早就和父母的外来影响产生了混淆。而这一切,又被对成就的追求所掩盖:她十分好强,希望在每一件事情上都在父母面前表现出最好,从而赢得父母的宠爱。

对于一个小孩子而言,这样的任务显然过于艰巨!

这样的责任,引发了许多“似是而非的举动”,使她给自己的行为举止戴上了面罩。她用这些具有迷惑性的举动,对抗内心中愤怒而绝望地发起反扑的魔鬼:她不想成为父母所期望的样子,不想这般好好表现。

如果我和我的同事依然纠结于治疗最初的问题,执着于探究她究竟具有哪种类型的人格障碍,就不可能对她的情况作出公正的评判。如果我们只是隔岸观火,从远处评判这位女子的个人背景,那她在原生家庭中遭遇性暴力的事实就会被掩盖。从心理动力学的角度看,这无疑是在重复父母从前对她造成的无耻伤害。如果我们致力于澄清她的人格障碍上,那我们只会把注意力放在学术和治疗活动的绩效标准上,而不会去关注来访者内心潜藏的愿望:她是一个人,渴望获得关注和尊重。

要作出正确的评判,我们需要做到两点:无论是在感受还是治疗的接触之中,我们都要时刻在场。我们需要让来访者触碰到自己,并善加利用身体语言和感情冲动。只有这样,我们才能在一定的分析距离和治疗距离之内，对来访者和治疗关系作出研判。

如此看来，认识就意味着触碰，而触碰则意味着尊重他人，赋予他生活的权利。只有在远近的触碰之间，我们才能得到答案。无论是作为人，作为来访者还是作为治疗师，情况都是如此。

所以，她在这次共同对话的结尾，才说起自己从前在家庭中遭到性暴力的经历。对此，我们一点都不感到惊讶。这位女钢琴师是父母的掌上明珠，所以任何成年人的对话，都没有瞒过她。当父母在婚姻中出现争执时，她往往会被某一方拉拢。年幼的她，早已听惯了父母一方说另一方的坏话。所以，她被父母当作关系的替代品，他们没有注意她的性别，也没有重视她"萌动的春心"和一个少女脆弱的性认知。大多数时候，她只能听到父母就男女关系和感受表达自己的愿望，成为他们拉拢的对象，甚至遭到他们的强迫。

直到进入青春期后，她依然和父亲保持身体接触。这一点，似乎很符合社会和心理治疗界对性侵的主流定义。她会和父亲一起偎依在沙发上，甚至到了十二三岁还和父亲在床上亲热。每次，当姐姐或妈妈闯进房间时，她都会有一种被当场捉奸的感觉。

为什么会这样呢?!

我的感受突然变得模糊，原本顺畅的对话也出现了危机。我开始心生怀疑，隐约觉得有些不对劲，这是我成为心理治疗师以来从未有过的感受。这是男人在听见女人谈论性侵时，所独有的疑虑吗？即便证据确凿也会如此？我想起了人们对我的指责。因为我对草率区分（男性）施暴者和受害者持保留态度，因为我对基于模糊猜测、未经缜密思考的推论表示怀疑，他们便以激进和傲慢的方式，对我进行诋毁。但这样的结论，其实是有漏洞的事实。建立在此基础之上的判决，我实在无法苟同。

在寻找"真相"的过程中，来自女性的怀疑，使我感到羞愧，甚至一度想要选择让步。但我不能让女性受到不公的对待，也不能为了粉饰太平，就掩盖性侵问题的严肃性。当然，我也希望在可怕的思想之争中保全自己，将我的头颅从女性攻击者的绳套之中解救出来。

一部分可怕的事实正在浮出水面！

女钢琴师在小时候，被迫聆听了父亲荒唐的诗作。如她自己所说，她甚至必须背诵这些“色情诗”。

最后，她还得当着母亲安娜的面，声情并茂地朗诵这首诗，以取悦父母。

我们爱女
无所不知：
安娜宝贝，
气喘吁吁，
香汗淋漓，
玩得兴起。
跪伏在地，
难以自已。

这出有违人伦的家庭闹剧，影响了这位年轻女子的人生。当时，众人哄堂大笑。后来，父亲又写了新诗，她依然摆脱不了背诗的命运！从前如此，现在也是如此。

这对父母之间究竟有着什么样的爱，才能如此卑鄙地利用自己的孩子，满足寻欢作乐的私心？这样的爱，让每个家庭成员都颜面扫地。

我又将这一剂无比苦涩的毒药，好好地品味了一番。这对父母荒唐的爱，以违背女儿心意的方式，迫使她参与到了这出别有用心、下流乃至变态的闹剧之中。

我想象着这个女孩被父母像一个皮球一样踢来踢去，被他们用花言巧语反复蛊惑的样子。她成为了联系父母的桥梁。这份责任和重担，遭到了这些“色情诗”的玷污。她看不到出路，只能屈从认命，参与其中。在麻木僵化的内心之中，她幻想着自己是父母爱情的催化剂和担保人。

父亲的冷酷无情、极端自私和变态享乐，母亲对丈夫傲慢的挖苦和对孩子的莫名嫉妒，构成了这段婚姻的特点。

她的父亲脾气暴躁、为人肤浅，夸夸其谈，不喜欢自己的工作，对人充满成见，只知道诋毁和讥讽别人。她的母亲缺乏自主性，“几乎没有自主意识”，也只知道贬低别人和对孩子发脾气。

“我们高人一等。”

这必然导致家庭成员间缺乏沟通和理性的交流，争执不断，氛围紧张。当年的那个小姑娘，根本看不到出路。她没有机会逃离，无法拒绝扮演自己的角色。如果她一意孤行，就会受到最为严厉的惩罚——光着屁股挨打。对外界的向往和对被保护的愿望，就这样败给了家庭内部的信仰：其他人都是坏蛋。

此外，许多事情也受到母亲宗教幻想的影响。她认为，生活就是为上辈子还债的过程。

她以难以置信的方式，强忍着心中的不齿，认真负责地完成了自己的任务。所以，她才会觉得自己“罪有应得”。这一切，也与她那魔鬼般的角色有关。

在她意识到自己是谁之前，她就身不由己地参与了这场闹剧。

她把扮演的角色当成了自己的人格和外罩。她希望通过娴熟的钢琴演奏，赢得观众的注意和崇拜。她说，自己必须成为一个出众的人。如果在乐团中遭到指挥忽视，她必定会勃然大怒。所以，她经常离开乐团，与那个对她而言极为重要的工作领域和感受来源切断联系。

她想成为一个独奏者。

不被人注意，或是遭人轻视，都会对她的心灵造成巨大的伤害。就像当年，丈夫因为一个女友离她去。用她的话说，这是用另一个女人取代了自己的位置。说到这件事时，她态度强硬，一副和他势不两立的样子，甚至不惜与他同归于尽。

她向往毫无保留的柔情和积极的尊重，在我看来并不奇怪。局促压抑的感受，内心的无尽煎熬，遭到孤立却无能为力的而感觉，已经给她带来了足够多的痛苦。她说，自己跟那些无忧无虑的小女孩一样，向往阳光，向往泥土的味道，向往随风摇曳的草地，也向往唧唧直叫的昆虫和叽叽喳喳的鸟儿。以及安宁！她想躺倒在一片沐浴在阳光下的土地上，任凭微风轻柔地拂过自己的脸庞。

我真希望时间永驻，这一美好的瞬间能够成为永恒。对于这个未被发现的小女孩而言，这无疑是一种恩赐。在脑海中，我也被她俩之间这种美好的氛围所感染，沉浸在无忧无虑和纯洁的感受之中，躺在了这片草地的某个地方。

但我也不无忧伤地发现了另一个背负重重压力的受害者。这位年轻女子的性欲，早已不复存在了。在她看来，性是罪恶的，人们必须超越自己的性欲；或者，性会给女人带来不幸。因为男人就像动物！

然而，生活应当充满欲望和诱惑！

就像从前在父母那儿一样！

当时，父母或许是想展示什么，所以给姐妹俩穿上超短裙，带着他们招摇过市。

男人果真就像动物！

这简直就是一个自己应验的预言。这样的教育，最终带来了一连串的苦果。

现在，这位女钢琴师害怕性行为。她说，做那件事时，她几乎要喘不过气来。她只和少数几个男子有过性接触，仅从自己的丈夫身上得到过少有的几次满足。就算在他那儿，她也只是为了满足丈夫的需要逢场作戏，因为她不想失去他。

莫非母亲说得没错？我想起她曾经说过的话：16 岁那年，母亲曾当着她的面，说自己担心她嫁不了人，因为她那么大了还在和自己的父亲保持身体接触。当她和父亲在沙发上温存，却被母亲撞见时，她感到无地自容。而且那正是她第一次来例假的时候，当时她 16 岁半。

这位女儿的爱情努力，和母亲有着诸多相似之处，但她却又不想成为母亲那样的人。

她在父亲面前作出的爱情努力，已经在良心的不安之下，逾越了最为私密的界限。

她可是父亲变态性欲的受害者？或者说，她是母亲唯唯诺诺、自甘堕落的受害者？她被父亲玩弄于股掌之上，还要背诵变态的诗歌。

她说，钢琴是她和母亲保持距离的方式，也是她超越母亲的方式。她练习钢琴，是为了不成为和她一样的人。

另外，口袋里的刀，是她在父亲对她的童贞发起攻击时，以死相违抗的工具。

什么都没发生！

父母各过各的生活，互不干涉。这本不算太严重的问题，也不涉及性暴力！——在童年，这位女子爱戴自己的父亲，但他却很少在家。受她尊重的母亲，经常和女儿玩一些（可怕的）游戏。女孩被夹在父母之间，孤独、羞愧、“为人忽视”！

她并不打算接受太长时间的心理治疗，仅仅约了一次深入的检查，一次咨询和十次谈话。

“什么都没发生！上次做胃部手术时，医生建议我找个心理医生聊聊。”她连忙补充说。

并不是什么都没有发生，而是并没有发生什么“引人瞩目”的事情。她没有创伤性的经历，童年也没有遭遇什么不幸。她“只是”有些拘谨的感受，有些抗拒和分裂，这一切都以身体症状的形式表现了出来。她并不需要救赎，她的人生十分充实，也并不需要获得解脱。

但她对父亲无比景仰，甚至爱得狂热。父亲吸引过她，却又拒绝了她，让她只得痛苦地随母亲一道生活。这段遭遇夺去了她的立身之本，使身为女人的她，见不得男人生活美满，享有权威。

她把男人给神化了，把他们供奉在高台上。她自己得不到的东西，也不能让别人得到，尤其是自己的儿媳。

“如果我得不到他，那你也休想！”

母亲得不到满足的爱和父亲的不在场，可能会影响到下一代。夫妻形同陌路，孩子正好被夹在中间。父亲在情感上与孩子疏远，甚至抽身逃离，根本不在家里出现。母亲压制自己的感受，费心照顾孩子，却也将无形的重担加在了他们身上。

母亲和她玩着可怕的游戏，父亲拒绝少女的爱，三个孩子战死，自己身患癌症，她的一生注定在痛苦中度过。但她却不愿意沉浸在疲惫、悲伤和听天由命之中。时刻感受到潜在危机的她，这样说道："我时刻做好准备。谁知道现在究竟会发生什么呢！"

她不愿接受自己，也不愿接受充实的生活。她终生抑郁，也一直为他人而活。为男人们而活。她得不到放松，却遭到丈夫和儿子们的拒绝。她感到无助，最终变成了一个严厉、不受欢迎的人。

"现在，我们两个一起爱他。"她对自己的第一个儿媳妇这样说。后来，她又对第二任儿媳妇说："哎呀，你是他领回家的第四个女人。"说这话时，她的眼神里透露出难以掩饰的胜利喜悦。

这样的故事，可能发生过成千上万遍。它没有什么特别，也没有什么值得强调的醒目之处。

讲述这个故事时，坐在我面前的这个女人显得有些拘谨、警觉，还略微有些激动。这几乎不易察觉。她是三个孩子中的老大，有两个分别小她六岁和十岁的弟弟。她的父亲是一家知名企业的部门经理，受人爱戴，颇有名望。他交友广泛，为人风趣幽默。

"他是一个好父亲，虽然他偶尔也会喝酒，然后和他的那些女友调情。"

说到父亲"生活轻浮"时，她的脸上倏然闪过一丝忧郁。平日里，父亲一直是心地善良的好爸爸。在第一个弟弟出生之后，她尤为强烈地感受到了自己对父亲单纯的爱。她喜欢跟人说起父亲带她去散步的经历，逢人便讲父亲和她一起进城买好东西时是多么大方。

有一次，父亲喝得有些微醺，面带微笑地躺在客厅的单人沙发上睡觉——说到这儿，她放声大笑——他的睡衣高高撩起，甚至能看见他的"生殖器"。

"但他从来没有在性方面对我图谋不轨。"她特别强调说。

同样已不在人世的母亲，被形容成一个与人性情孤僻的女人。在两个弟弟出生之前，这对母女相依为命。她记不起具体的细节，但记得母亲一直努力地把自己打扮得很时髦。她想让光彩照人的自己，被外人看在眼里。她俩有足够的钱花，还有佣人负责做饭和整理家里的卫生。

假如母亲没有隔三岔五地用那个可怕的游戏来吓唬她，母女俩原本可以一起做很多事情，走亲访友，过充实的日子。她们根本不会无聊。

“妈妈躺在床上或是沙发上装死。她一动不动，甚至都不再呼吸。我陷入恐慌之中，变得手足无措。因为我当时以为她真的死了！”

没过多久——但对于还是小女孩的她来说，这段时间已经恍如隔世——母亲又活了过来，睁开眼睛，放声大笑。

她是在嘲笑自己的女儿吗？

我能体会到小女孩在做这个游戏时的恐慌和手足无措。这样的游戏，可能许多孩子都曾玩过。它会让人变得有些神经兮兮，感到害怕和恐惧，直至最后发出如释重负的笑声。深吸一口气后，恐惧也将烟消云散。

难道不是这样吗？

“第一个弟弟出生后，母亲就当我这个人死了！她把我当作灰姑娘，当作一团粪土。从那时起，母亲就开始围着弟弟转。我的两个弟弟被捧上圣坛供奉起来。

“而父亲和我，则一下子成了边缘人物。”

父亲站在了她那边。她可以信任他，她是他的“小宝贝”。后来，进入青春期的她发现了父亲在狂欢节时搂着其他女人的照片。

“但他只是喝了酒后，才偶尔这么放纵一下。”她试着这样安慰自己说：“但我还是把照片给撕了。这些女人必须全部滚蛋！”

14 岁那年，她早早结识了后来的丈夫。那是一场无忧无虑的青梅竹马之恋，最终她也穿上了洁白的婚纱，拥有了梦幻般的婚礼。她那年轻的如意郎君，是一位工厂主的公子。他仪表堂堂，口才出众，为人谦逊，魅力无限。

“姑姑在婚礼前不久告诉我母亲对这段婚事的看法，这简直让我不敢相信。”她情绪激动地说：“她为甩开我而感到高兴。我出嫁后，她终于不必再照管我了。”

这段幸福的少年婚姻，只持续了很短一段时间。战争的狂潮，如冰雹般落下的炸弹，处于熊熊烈火之中的家园，被炸毁的接生会所，很快就挤走了一切。更为艰难的现实，还在等待着他们。她被扔进战争的冰水里，很快便衰老了许多。在战争中，人们根本无暇顾及自己的感受。活下来才是最重要的！

这也是成千上万人所要面对的现实。

她生下了一个女儿。这是他们期盼已久的孩子。这时，她的丈夫正在前线参战。

几周后，她独自埋葬了这个孩子。她的丈夫依然没有回来。这就是战争的宿命！

后来，她又生了四个孩子，都是儿子，其中两个因感染夭折。另外两个在几个月大时，也身受重伤，差点因此丧命。

这是战争，还是宿命？

“不过最后，一切都恢复了正常！我们挺了过来。现在，一切都过去了。”

面前这个拘谨、警觉、有趣的女人，向我讲述自己的故事。她的声音偶尔会有些结巴，但她很快又能说得眉飞色舞。由于多处的身体疼痛，有人建议她来接受心理治疗。虽然她一直强调说，自己过着平凡的日子，一切都很正常，但在我看来，她有些忧心忡忡。难道是我看走了眼？

她承认自己的日子有些艰难，但很快又收回了自己的话，顾左右而言他，说别人也是一样，有些人的生活甚至比她还困难。胃溃疡、多种癌症、心律不齐、骨质疏松……以上这些问题，已经困扰了她数十年之久。而且这个列表还在增加。她时刻做好准备：“谁知道现在究竟会发生什么呢！”

当然，她有时候还是会感到“不爽”。她隐约对自己的老母亲怀有恨意，但她安慰自己说，她毕竟已经是个老太太了。她一直照顾年迈的母亲，直到她离世，却从没有得到她半句感谢的话。但母亲就是这样的人。现在，一切都过去了。

这个女人有着很强的自制力，她偶尔也会感到紧张，会忙不迭地掩饰自己内心深处的恐惧。在这个过程中，她经常有过激的行为。她一直努力善待每一个人，所以周围的人往往会对她表达敬佩之情。

“您这么苦，还疾病缠身，您是怎么挺过来的啊？”

我不停地追问，以及把她的叙述和她的生活经历和生活态度联系在一起的努力，对她产生了刺激，使她显得神经兮兮。一方面，她时不时地补充一些出人意料的细节，使我猜测她可能极端情绪化。这个女人，一直在束缚着内心中激动、黑暗的情绪，否认它，压抑它。她克制着自己的情感，还借口自己心脏不好，建议我不要多虑。

“啊，您还是别问这么多了吧！”

另一方面，在聆听另一些女人叙述自己的经历时，我发现她们都有一种习惯，即用仓促、极端情绪化的方式来为自己开罪。

好让自己不那么招人讨厌。好掩饰自己的内心世界。“我一直善待所有人。”

和这位女士的对话，让联想起了自己对这些自述的回忆和思考。我听着她说出的信息，听她讲述人生的各个阶段，描述生命中的各个关键人物。我希望以设身处地的方式，进入她的内心世界，尽可能准确地想象和猜测她所经历的一切。那是一段悲伤的人生，一段悲剧的人生，一段充满恨意的人生。

这段人生，横跨了好几个年代！

我听着她的叙述，体会着她那不被允许的感受，并在内心中作出判断和联想。从得到的有限信息中，我能感觉到这位女士的人生观其实并非她所说的那样。她的生活感受，充满了沮丧、努力和恨意。

有那么一阵子，她的害怕和恐惧在谈话室里弥漫。更别提对死亡的恐惧！它无处不在，时刻折磨着她，已经成了生命中挥之不去的阴影。

她原本有着无忧无虑的童年，却不得不应付母亲那恐怖、疯狂的游戏，最后还遭到她嘲笑。

直到她开始为自己感到羞愧。她愧对所有人，愧对自己的感受，愧对(在游戏中)死去的母亲，也为对母亲这般利用她感到痛苦而羞愧。因为害怕母亲可能会再次死去，还是一个孩子的她不得不打起精神，保持警惕，控制自己，不给她再次(假装)死去的机会。在她的意识中，自己既是受害者，也是加害者。是她引发了这个游戏，同时她也是这个游戏的受害者。

母亲发明的另一个仪式，更是对女儿的私密性，对她那天真、懵懂的女性性认知产生了毁灭性的打击。

“我5到7岁的时候，每天下午练芭蕾回来，常常要尿在裤子里。虽然妈妈在家，也听到了我按门铃的声音，虽然她知道我回来了，我要去上厕所，可她就是不开门，把我独自一人撇在门外。一直如此！这种情况持续了数月之久！”

当着我的面，她不敢承认那段经历是对自己的羞辱。她找理由替母亲开脱，原谅她，甚至为她辩护。

现在，她努力善待所有人，却没有发现这种做法恰恰给他人造成了很大的困扰。他们不敢和她闹翻，不敢弃她而去。由此，他们经常产生激烈的争执。

尤其是那些她想要亲近、珍视与她们的友情、想要获得她们信赖的女人，就更是如此。例如，她的儿媳们。

是不是她变了个人，将自己原本受到的折磨，都转嫁到了所爱之人的身上呢？对一个人的爱，会不会转而将他毁灭？

她一直被夹在父母之间，被夹在理想化的生活和母亲假装的死亡之间。她深爱自己的父亲，尊敬他，将他理想化。说起自己年轻时在盛怒之下撕毁父亲和其他女人的照片，她甚至还有些内疚，也安慰自己说，他只是在喝醉酒后才要些风流。

“他跟别人有了私密关系，总会让我知道。另外，”她会心一笑，“有魅力的男人，总是需要女人的陪伴。”

她努力原谅自己的父亲，努力相信母亲依然爱她，所以她一直在为所有人奉献自己。尤其是那些男人们。

但是，她的做法却那么不近人情！

她的不懈付出，让其他人，让她的丈夫和孩子，几乎没有喘息之机。而她自己却没有注意到这些。她逼迫他们去尊敬她这个妻子，尊敬她这个母亲，也在为他人不断操劳。她把自己放在中心位置，让他人几乎没有选择的余地。她掌握着控制权，不让他人决定自己的幸福和不幸。她内心分裂，缺乏一个女性应有的自信和自我认知，却要插手干预别人的生活，甚至不惜为此付出自己的幸福，牺牲和他人的良好关系。她身体状况不佳，饱受病痛折磨，所以才获得了他人的尊重和敬佩，但却得不到他们毫无保留的注视和喜爱。

就像童年时一样。

“我妈怀了我的孩子！”

羞耻感和负罪感，往往在不经意间施加着影响。这种影响，甚至始于婴幼儿时，甚至在一个人学会说话、具有自我意识之前，就给心灵蒙上了一层外罩，成为了他的第二本性。

一个在羞耻之中诞生的人，会对自己拥有不一样的感知，却不能分辨潜藏的内心和所受的教育之间的差别，对自己可能的内在本质也一无所知。这种蒙上阴影的生活，将不断地对他的自我认知产生影响，并造成假象。

欺骗所有参与其中的人！

他们可以正常地为人处世，努力过上好的生活。他们能满足与人共处的社会条件，也愿意参与其中，和他人产生情感和氛围的共鸣。

但是，出于深深的羞愧，他们竭力不深入其中，完成期待之中的自我实现。

他们是另一个人，他们做不了自己！许多人只是活在他人的期许之下，完成家人的夙愿和指示。这是因为在幼年时期，他们曾遭遇过最为激烈的拒绝。当时，这些孩子没有选择，没有影响力，也无处可逃。

他们从前的样子，他们的自我感受和自我表现，绝对得不到别人的喜爱。他们是不受欢迎的，是被放逐的。他们被迫回归自我，生活在绝望的孤独之中。

为了满足父母和家人的要求，他们学会了沉默和隐藏，学会了自我遗忘。

羞耻感所带来的心理伤害，是对自我本性的损害，是施加在儿童天真无邪本性之上的暴力。这样一来,任何的冲动和自我表现,都将被极端严苛的自我控制所左右。

羞耻感所带来的性混乱,束缚着欲望,使人无法体验为爱献身的感觉。性欲成了被他人所决定的性欲,成为了实现目的的手段,成为了利用他人的工具。

这一切,只为了报仇! 只为了提升受害者的数目!

接下来这个故事的主人公,是一位家庭心理治疗师。家族的耻辱和罪责,都压在了他的身上。他说:"从前,人们恨不得叫我杂种。"他放弃了自己的性满足,牺牲了对一位女士的爱。他被一股不知满足的欲望所驱使,迷失在了模糊的性世界中。这一切,只因家族中传递出的一个信号:你不能组建家庭。而这个家庭,原本可以成为幸福和快乐的源泉,为他的爱情画上圆满的句号。

虽然没有遭受具体的侵袭,虽然没有凶手被绳之以法,虽然没有切身的感受,但他也是性暴力的受害者。唯一受伤的,是他的自我本性。在羞耻感的作用下,他自己欺骗了自己。

这样的一件外罩,颁下了一道"欲望的禁令",遮蔽了儿童天生的激情。这道禁令,无情地给他父母之间的恋情,打上了"乱伦"的记号。在这个以窥人隐私为乐的社会中,这道禁令足以杀人于无形。

这个年轻人清楚地知晓自己的羞耻感。他已经习惯了这一切,甚至不愿将它放下。对我而言,受邀请走进他恐怖的内心世界,去参与,去感受,无疑是一件虐心的事情。但这样做无疑是值得的。在和他人一道,回顾当年受到的巨大伤害之中,他终于可以找回自我,看到获得救赎的希望!

"我出生在羞愧和罪责之中!"他是一名出色的柔道选手,不过并未在大型赛事中有所斩获。虽然有着出色的力量和速度,但他就像一架停机坪待命的战机,兀自按兵不动。

他摇摆着身子,缓慢地走进我的诊所。他的躯体和肩膀如此粗壮,以至于我都不敢相信他的腿竟然如此之细。他说话声很轻,吐字时只微张嘴唇。他紧咬牙关,嘴里嚼着口香糖,正襟危坐,嗓音洪亮但不出格。那样子,就像一个孤独地晃动身体的战士,他时刻准备参战,出手势必一击毙敌。

在谈完话离开时,他依旧嚼着口香糖,仿佛什么都没发生过,只是眼角微微有些泛红。他站起来的样子,十分令人难忘。但他在握手时却显得那么有气无力,以至于我误以为自己从没见过这个人。

“我是一个孤独的战士,我和自己斗,和世界斗,只为寻找自己的故乡。但真找到它后,我却不敢步入其中。”

他是一名家庭心理治疗师,有心理学硕士学位,出身于一个工人家庭。

“您擅长和男性对话吗? 我之所以来向您求助,就是因为我只能和男性对话。”第一次和我见面前,他在电话里说。

我虽然当场表态这不成问题,但心里依然不免泛起嘀咕。虽然一切似乎都很清楚,但我依稀觉得有些不妙。

他回忆说,自己曾经酒醉发疯,后来才控制住自己。他担心自己可能再次爆发,变成另一番模样。

在接受家庭心理治疗师培训期间,他发现自己憎恨女人。

他诅咒大多数女人,却又像着了魔一般被她们所吸引。爱情和毁灭,同时出现。这是一种令人害怕的猜测,还是真实存在的威胁? 我不禁在心里开始思索。

他就像一架战机! 沉浸在自己的冷漠之中,也同时被它束缚住了手脚。

他去酒吧,和妓女见面。他给我复述了见面的过程和感受,那口吻就像一个冷眼相看的旁观者。“我在那儿得到了满足。一切都是一场生意,交易完就结束了。和这些女人一起体验可望不可即的感觉,追求她们,收买她们,再放弃她们,是一件很有意思的事情。”

他还从没和别人说起过这段阴暗的生活,即便和同性也没有这样的谈话。他不好意思地强调说,自己十分担心由此遭人鄙视。他跟我详细讲述了和一个妓女纠缠不清的经过。他知道自己得不到她的真心，却偏要去尝试，最后自然遭到了拒绝。

但他继续说，自己最后成功地报复了那个妓女。付了钱，却没有和她睡觉。

报复女人！

报复，一直陪伴在他左右。它帮助他与人保持安全距离，也为他提供和人交往的动力。同时，它也掩饰了他和一个妓女交往的不光彩经历。

掩饰了他对自己的鄙视之情！

妈妈一直告诉他："你一无是处。"在学校里，女老师以不公正的方式，对他进行了无情的惩罚，甚至让他在全班同学面前出丑。

每次他和妓女分手后，都会感到良心不安。这时，他会摇头感叹这样的事情竟会如此频繁地发生在自己身上。但此刻自怨自艾的内心独白，又为寻找下一位女子埋下了伏笔。

"我妈怀了我的孩子！"在他出生前不久，他的父亲一边在村里的街道上行走，一边这样高喊。

孩子出生后，他就发了疯，被送进了精神病院！

一个悲剧在我面前拉开了序幕！面前这个男子的父亲，是他母亲的继子。他的父亲死于战乱。所以，在战争的狂潮过去之后，他没有受到任何阻碍，就娶了自己的继母。

来向我寻求帮助的这个男子，自一出生起就被卷入了一系列难以想象的事件之中：

他是自己的父亲迎娶其继母的诱因和理由。

他是自己的祖父被宣告死亡，从而让父亲得以成功迎娶继母的诱因和理由。

他是生父精神崩溃，被送入精神病院的导火索。

他是家庭中兄弟姐妹关系混乱的诱因和理由。同母异父的兄弟姐妹，同时也是他的叔叔和阿姨。如此等等！

他觉得自己是一个在羞耻中出生的杂种！

他觉得，祖父被宣告死亡，从而让父亲得以成功迎娶继母，都是他的错。这一切,都是为了让他能够顺理成章地来到这个世界。这让他感到恶心,又产生了某种欲望。

这正是逛红灯区的感受!

他给我讲述了许多记忆中的画面,它们都与家庭中的性欲有关。虽然“性”是一个不被提倡的话题,但家里人总能编造出一些与性相关的故事。

他们家的“医生游戏”,也和一般儿童的这类游戏有所不同。虽然没有描述太多的细节,但他记得在场的孩子人数众多,而且年龄差距很大。

一群不谙人事的孩子,想要探索自己的身体。但也有一群年纪稍长的孩子,利用年纪较小的孩子天性纯真、不设防备的特点,以窥视别人的隐私为乐。纯真和青春期的骚动,在这里交汇。

很长一段时间里,他都睡在父母中间。如今回想起来,他猜测自己当时感到害怕和恐惧。“我回忆不起太多细节,只记得自己连气都不敢出。此后的许多夜晚,都像没有内容的噩梦。”

时至今日,他依然会在夜里惊醒,幻想着女友在他身边自慰。他被这种想法所诱惑,竖起耳朵凝神倾听,但同时也感到害怕。他觉得有必要验证一下自己的想法,却惊讶地发现女友正在身边熟睡。

接着,他马上可以与酒吧里的氛围无缝对接。享受逛红灯区的感觉!那是一种温暖、甜蜜但又让人反感的氛围。满是欲望、禁令和恶心!

在我这个旁人看来,性欲的“暗夜幽灵”似乎正牵起他的手,将他引入充满诱惑的黑暗世界。我能感觉到自己的好奇心正不断滋长。甚至有一种窥视的愿望,促使我和他一道踏上旅途,进入那个我所未知的世界,去往那个位于阴暗人生深处的小岛。

在他的众多女友中,有一位对性不太感兴趣。可他却偏偏对她有着几近荒唐的性幻想。“她的弟弟和她住在同一个房子里,我知道他们肯定有乱伦关系。毫无疑问!我女朋友老是指责我脑子里就只想着那么一件破事。她说,我要是自己解决不了,就去逛窑子!”

他说，在正常情况下，他在性方面和女人相处融洽，她们也很享受和他做爱的过程。

那位叫他去“逛窑子”的前女友，是否在不经意间传递了他家族那个“不得成家”的信号？

在红灯区游走，似乎可以弱化他的家庭观念，阻碍他“成家立业”的内心诉求。

即便最后未能得到满足，他依然说：“在性方面，我会吸引女人，唤醒她们的欲望。这一招总能成功！”

他借助性欲实现（自我）贬低的这一招，的确取得了成功。

他是一个魅力四射的男子，他能掌控一切，获得一切。表面上看，他根本没有任何自卑的迹象。但这股自卑，却用欲望得到满足的假象蒙蔽着他，使他无法通过圆满的爱情获得救赎。

因为那样的爱情，将引领他组建家庭。

这一招成功了。组建家庭成为了他无法想象的事情。红灯区的性吸引力，那儿充斥的欲望和威严，使得他沉醉在金钱够得着的爱情之中难以自拔。他想被人视作强势、权威的男人，却又像一个秘密一样活着。

他爱自己的母亲，尊敬这个现已 84 岁的女人。“我一直在父母之间斡旋。直到今天，家里的许多人依然会向我求助。”

坐在我面前的这个男子，把母亲那再清楚不过的话语，一分为二地看待。“你要为你有这样的母亲，这样的家庭感到羞愧。”一方面，他以某种神秘的方式，和母亲惺惺相惜；另一方面，他希望外界看到自己过着体面的生活。这是否是为了恢复原生家庭的名誉？

他的祖父，也就是他母亲的第一任丈夫和他生父的父亲，是一个人尽皆知的好斗之徒。他投身战争，是为了发财。他常常在出门数周之后，偷偷回来一阵，不声不响地走进门，对他母亲说一句“过来！”，继而命令她履行婚姻的义务。

这时，他的母亲只能放下劳作工具，遵守他的命令。

他想，这个过程肯定无比羞耻。

他到我这儿来,希望以男人对男人的方式,有意识地治疗他的身体。“我不知为何突然出现心律不齐,四肢乏力,虽然我其实经常健身。”

他说,只有当他觉得自己有价值,能够与自己和命运和解时,他才有能力去爱。

“但我就是一个觉得自己有罪的胆小鬼。”

他没有家庭,可能也不会有孩子。他刚和自己的现任女友搬到一起,她快50岁了。“我爱她,但我注定四处飘零,孤独一生。有时候我喝醉了,有时候我要出门,一种神秘的力量,使我永远够不着女人。”

他的一生,注定要为强加在自己身上的命运赎罪。偶尔的亲热,不过昙花一现,只能被当作反复别离的信号。

亲热,是为了分离!

年少时的他,是一个喜欢做梦的人。他能在哥哥的鸽棚里呆上半天,想象自己身处“羽毛的世界”,在脑海里和鸽子一起飞翔。他想就此鸟瞰世界,甚至不愿再回到地面。

直到19岁那年,他才和当时的女友初尝禁果。只做了一次!后来,她就和同班的一个男生跑了。

“从此,我就一发不可收拾!”

他追回女友,开始对她进行报复。这种经历,一直延续至今。

“她对我的爱,我已经无法回应。我不值得被爱。我感觉自己像是做错了什么。”

饱受困扰的他,开始在不经意之间,寻找和喜爱那些“比他还可怜的女人”。作为一个出色的倾听者和劝导者,他能给她们提供帮助!

而这些女人付出的代价,就是性!

这一切,都没有深刻、圆满的爱情作为基础。

从那时起,他开始健身。参加拳击俱乐部,接受杠铃训练,挥汗如雨,挥拳如风!他像那位卑鄙行径至今仍被人提起的祖父一样,开始参与打架斗殴。他从不考虑别人,也不懂得克制自己。

但是,他的心中一直保留着一片静谧的爱田,它被小心地守护了起来，被理想化，不容亵渎。他尊敬自己的母亲，想以某种方式替她洗刷耻辱。具体的做法，就是不再组建自己的家庭。

“这么做是会上瘾的。我一去酒吧喝酒，就变成了另一个人。我逛妓院，收买妓女，跟人通过电话做爱。这都是为了收获认可和肯定。

“最后，我又会甩掉那些女人。他们是可以被替换的。我只爱她们的身体。我不必和她们深交，就能得到我想要的一切。毕竟我付钱了！”

他面无表情地说：现在，他喜欢的女人不爱他，而那些喜欢他的女人又不合他的心意。

这是否就是那不容亵渎的体验在现实中的表现呢？

他虽然清楚这一切，但就是摆脱不了这样的宿命。眼看爱情即将圆满收官，就会有某些“妨碍因素”出现，给他造成麻烦。

我们是同行，所以也聊了一些职场上的事情以及他的工作。作为一名家庭心理治疗师，他对家庭中潜藏的信息和错综复杂的关系，有着敏锐的嗅觉。他的专业能力出乎我的意料，我们之间的业务交流十分顺畅。当然，他的性经历和放纵，也让我拍案称奇。

我想起自己年轻时，村里有一个独一无二的神秘酒吧。当时我想：“那深红色的帘布背后，究竟隐藏着什么？人们对着它指指点点，却又不说原因，这究竟是为什么？”

我来自农村，自小受到平民化的教育。每个周日，都在教堂里唱着弥撒度过。这种传统的作风以及悠闲的家庭氛围，使得我们全家人在周日中午都要一起聚餐。有时候，我甚至觉得自己就是这种快乐的牺牲品。

因为我很乖，是个听话的孩子。

如果被人识破心底的想法，那我也可能坠入万劫不复的深渊。那样一来，感到羞愧、自知理亏的我，将逃离家人身边，在下一个街角和我的狐朋狗友相聚，对着那深红色的帘布品头论足，和他们一起讨论想象之中那充满激情又伤风败俗的爱情游戏。

“我妈怀了我的孩子！”在他出生时，父亲这样说。正如他自己所说的那样,他出生在羞愧和罪责之中。他在母亲面前感到羞愧。母亲为爱献身,一直被他奉为榜样,可最后她却生了一个杂种。

他在父亲面前感到自己有罪。为了迎娶自己的继母,父亲不得不宣告自己的父亲死亡。他一直准时地寄钱回家,好让一家人不至于为生计发愁。在当了38年的地下矿工后,他在56岁那年退休,并很快实现了自己对自由的梦想。他和自己同母异父的哥哥一道自主创业,但没过多久,就因疏忽大意,在一起车祸中丧生!

他还清晰地记得父亲传递给他的信号:要保持自由和独立!那就意味着和女人保持距离。

谈话快要结束时,他和我面对面站立。他闭着眼睛,回忆着自己的父亲,体会着他临死前的感受。“我的父亲宁可为自由而死,也不愿不自由地苟活。”

我们定期做一些身体活动,主要做下肢(腿部、骨盆)的拉伸和意识提升训练,并关注他的身体体验。虽然训练经常很累,但他依然一言不发。他十分固执,不愿发出任何声音。他说,自己害怕身体里兽性的一面。同时,他也感觉到深藏的仇恨已经快要将他的心脏撕裂。

他虽然身体健康,却经常感到心脏疼痛,这着实让我吃了一惊。他躺在我面前的垫子上,身体蜷缩,情绪克制,没有明显的呼吸起伏。胸部吸气,屏住呼吸。

猛地一按!

我感觉到,在胸部承压的情况下,他似乎想要到沉默和无语中躲藏起来。“我不想听见自己说话,也不能听见自己说话。”

他紧闭着嘴唇。

这种胸背的痛楚以及与此相关的无感体验,使他幻想自己正处在宁静的岛屿之中,处在一个没有呼吸起伏、没有感受、没有内心活动的世界之中。唯一的困扰,是持续几秒钟的疼痛。这样的岛屿,是他从前在哥哥的鸽棚里能看到的。围绕着这样的地方,鸽子定会给他讲述许多激动人心的故事。

但那也是没有生命气息的地方!

但就在昨天晚上，他梦见了魔鬼。它的样子栩栩如生，迫使他在床上惊坐而起，弄清自己究竟身处何地，继而唤醒自己的女友。

“我的身上有魔鬼的一面。这个魔鬼身材魁梧，皮肤黝黑。鬃毛蓬乱，肌肉强健，性欲高涨，性情残暴。就像我的祖父一样。”

我还记得自己第一次和他通电话时，他问我是否擅长和男性对话。我渐渐感觉到，正是绝望的羞愧，将这个男子引向了我。他羞于展示自己，羞于去体验，也羞于被人注视。

即便他是一个男人。

看起来，一切似乎并没有什么特别，仿佛不幸早在几十年前就埋下了种子。

所有的不幸，都源自一个并没有事先约定的家庭使命！

呸，真为你感到丢人！

许多人说自己童年没有值得一提的创伤性经历。他们过着不引人注目的正常生活，却始终郁郁寡欢！

他们往往事业有成，勤勉有加，受人尊敬和喜爱，但潜意识中却深藏着羞耻感！只不过，他们感受不到它的存在，更别提描述它的样子。

这些人在出生的时候，在尚在襁褓之中的时候，就受父母和家人之托。身为婴儿的他们，在还不能明辨是非、不能为自己发声、不能做自己的时候，就面对着横亘在前方的一面道德高墙。他们听到的是：不许这样！他们被要求收敛自己，保持沉默，掩盖锋芒，适应他人。

为了保护他们所不清楚的家庭利益，他们天生的表现力和婴儿显露自己的激情，都受到了约束。

这其实都是不当的干预！

这些人会变得不知满足，从而产生奇特的负罪感。虽然并没有发生什么“糟糕的事情”，但他们能感觉到自己所遭遇的不幸。

他们在内心里和自己保持距离，为自己的现状感到羞愧！

他们向暗示屈服，默默地忍受着加在自己身上的诅咒。在内心深处的某个地方，他们守护着一个只属于自己的秘密，一个隐约存在的秘密，并为仍然被别人注意而感到羞愧。

这样的人，往往有着特殊的能力，擅长公正地对待他人，尊重他人的习惯，以温和的态度与他人交往，并与他人建立亲密的个人联系。

奇怪的是，在面对自己时，他们反倒自设圈套，在其中越陷越深。对他人的尊重，反倒变成了对自己的羞愧。由于害怕被他人看到自己的真实面目，他们把自己装扮成另一个人，甚至是某个十分高尚的角色，从而以此获得社会的尊重和敬仰。

我接下来要介绍的这位作家兼电视台记者，被人视作性侵和暴力问题的“专家”。甚至还有女性请求他把自己的一本讲述女孩和女人遭到性侵后，继而发展成同性恋人关系的书，改编成剧本。

一方面，他在绝望的孤独中感到羞愧，只能小心地隐藏好自己的秘密不被人发现。另一方面，他却成了女性问题专家！

在治疗的过程中，这位作家和我之间的身体对话，以平和的方式展开。在这场无声、轻松的相遇中，我们每个人都得以正视自己。在我这儿，作家不必受到内心的折磨，无需窥视自己的第二本性（这被他称为“怪癖”）。我则在这场相遇中，重温了青年时代的羞耻感。但我并没有感到丢脸，反倒倍感轻松！

这种身体体验，强化了他对自己的信心，也加强了他对治疗师的信任。因为在这个过程中，我并没有对他的“内心世界”进行非法干预，更没有以揭短的方式对他造成伤害。

他身穿黑色皮衣和靴子。方脸，短发，胡子干净，衣袖挽起，看样子就是成大事的人。

他看起来精神抖擞！

他是一个内敛、友善、有趣的男人，是一位作家。他来找我咨询，是因为一种怪癖，用他自己的话说，这是一种神经症。这是一种亟待消除的症状，但它却愈演愈烈，甚至成为了他终生的感受。

他一脸恭敬地坐在我面前，就像一个接受惩罚的孩子。他的头脑一直控制着他，让他无法放松，那么做一些身体练习或许可以缓解他的紧张。

在没人注意的时候，他会偷偷地活动头部，这就是他的怪癖。很少有人会做类似的头部运动。在我看来，他谈论起自己，就像在谈论一件奇特的事物，一件对他而言十分重要的古董。目睹这一切的我，不免有些惊异，当即决定和他一起探究这一切。

他不记得自己犯过什么大错，也想不起自己曾在儿时做过什么足以解释这一切的卑鄙行径。

“我究竟做了什么？我不知道，但一切就成了这副样子。”

“亲爱的上帝知晓一切。”他的祖母总是这样说。她的道德品质促使她反复主张延续19世纪对上帝的敬畏。生于1884年的她，一直坚信上帝和地狱的存在，呼吁人们在炼狱中进行自我锤炼。在她看来，一个人如果触碰自己的生殖器，就会在内心中被烧成灰烬。而将雪球滚成雪人，无疑破坏了上帝创造的美。雪是神性的象征，它就应该像上帝安排的那样，洁白无瑕，不容侵犯。

祖母掌控了家里的一切。她的存在，就是家庭传统得以延续的保证。

这位作家的脖子，是他头部活动的支点，也是他人生的核心。或者，一个人可以控制住自己的脖子，用自己的情绪去操控它——说到这儿，他的声音越来越轻——或者，脖子的体验会让他变得极为敏感，令他具备同情心，使他具备设身处地为他人思考的能力，好让他人不至于太难堪。

也让他不必为自己罕见的怪癖，为这种强迫症行为感到难堪。

这让我不禁直冒冷汗！我努力掩盖自己的羞愧之情，不让他看出我其实也有这种“怪癖”。但是，我显然无法抗拒那种神秘的诱惑。

如果他仔细观察，一定会注意到我在不停地拨弄自己的眼镜，还把左腿搁到右腿上，紧皱着双眉，装出一副全神贯注的样子，以掩饰我的紧张。我觉得自己已经暴露了。一种神秘但又让我觉得亲切的力量朝我袭来。幸好这时，他提出做头部的身体练习。我连忙请他躺下，以方便我托住他的头来回摇晃。

从治疗的角度看，这样做无疑是正确的。但有鉴于我们之间神秘的联系，这无疑拯救了倍感无力的我。

就这样，我的双手和他的头部展开了身体的对话。这场对话，营造出我们所乐见的轻松氛围。

“罗纳家的人必须出人头地！”祖父在他出生时所说的这番话，迫使他给出完美的表现，以满足家人的期许。这样的希望，逐渐成为一段残酷到令人难以置信的无声誓言。它就像一段咒语，从他出生起一直笼罩在摇篮之上！

“罗纳家的人必须出人头地，好不玷污上帝的美。”

祖父提出这个要求，并未征得他的同意；他甚至都没有亲口说出过这样的誓词；但他的一生，却都在努力兑现着这一残酷的承诺。他想做的事情，最后都搞出了名堂。即便在他告别了父母预先设定的人生道路，对强加在自己身上的传统作出反抗之后，情况依然如此。一股魔鬼般的力量，已经汇聚在了他那紧绷的脖子和他的“怪癖”之中。一股股强大的力量既在这儿发生碰撞，又相互拉扯，这就像宇宙中黑洞所释放的能量，既是引力，又是斥力。这种身体体验强迫性地反复出现，挥之不去，已经成了生活的一部分。

“罗纳家的人必须出人头地！”罗纳先生就像受到了幽灵力量的保护，以飞快的速度在我诊所门口的弯道上倒起车来。那是一个视线不佳、事故多发的十字路口，但他却安然无恙。

他以表面上毫无危险的方式，进行着大胆的冒险！一切都将如他所愿！

我原本暗自惊讶他的完美，甚至既感到矛盾，又无比崇拜。但在听说了他的爱情经历后，我变得有些不知所措。他无法和一个女人保持长久的关系，只会随性地爱上一个人，然后和她相处一段时间。

起初，我并不理解他的行为，便问孩子对他意味着什么。他说，生孩子的愿望，是促使一个人违心结婚的唯一动机。

所以，结婚之后，他就在内心中停止了恋爱！他的这一思想转变，是否像是在说：罗纳家的人，命中注定都要当爹？他尊敬孩子，是否是因为他们的天真无邪，像是具有某种神性？或者，他心底里与其原生家庭有关、让他回忆起自己童年的愿望，终于在这一刻得到了确切的满足？他也由此达成了自己所一直未能实现的目标？

这个屈从权威的孩子，儿时就在情感上面临着生存的威胁。他希望上帝可以满足他的愿望。如果一切都是命中注定，那生活也将变得更好理解。在他看来，上帝的眷顾，以家庭传统的方式，把一个人的目标传递了下去。而他只需要完成这一目标。

这又令我想起了他那紧绷的脖子和隐藏在其中的力量。他猛地直起身子，以看上去不受控制的方式活动着头部，这一切都像是那股极端的力量在寻找着释放的途径。他如此绝望地渴望着成功，希望自己能够摆脱疯狂：他必须“出人头地”，必须实现祖母那超出常情的虔诚愿望。

他以极度克制的方式进行着反抗。主要的发泄方式，是用仔细斟酌的话语，去负面评价自己的家庭成员。

在新创作的戏剧中，他思考如何描述死亡。他大胆地猜测，死亡是“在无意义中寻找意义”。听到对于生死关系的这番充满哲理但却冷冰冰的思考，我感到自己的背上淌下一身冷汗。

但可悲的，他自己的孩子也终将死去！

这些孩子，承载了他儿时的愿望。那是他在压迫之下，苟延残喘的灵魂。我惊讶地打量着面前的这个男子。近些年来，他接二连三地出版关注暴力和身体、性侵等话题的权威著作。我注意到他在与人交往时一直十分体贴，充满尊重，并且很有分寸感，从来不会让人难堪。我也注意到他在一次治疗练习中，摆出了一副并不引人瞩目但却极端扭曲的身体姿态。当时他弯曲着腿，踮着脚站在垫子前，久久不愿坐下。这个动作，像是无声的呐喊，讲述着他那极度的孤独。

虽然十分紧张也无比痛苦，他依然平静地站在那儿，一言不发。人们听不到任何声响，也从他的表情中看不出任何东西。直到他突然闭上眼睛，在极度恐惧之中笨拙地向前跳跃，却没有摔倒。

看起来，他在治疗练习中所做的这一切，都是自我约束的结果。他就像一个时刻准备着的武士，闭上眼集中着精力。

而且他还要继续活下去！

凝固在其感受之外的冰块，已经开始融化。我们以慢慢活动盆骨的方式，小心地处理着他后背的疼痛和紧张感。加在他身上的魔咒似乎被消除了。他不由自主地感到内心愉悦，身体舒适，身心敞快。轻微的颤抖和振动，让饱受家庭责任折磨，甚至为了尽义务不得不放弃身体的他，得到了必要的安抚。

我欣喜地看到，他的脸上渐渐露出笑容，放出光彩。他说出了害怕沦为无名之辈的担心，也谈起了自己的欲望。他说，这让他想起自己第一次和一个女孩进行性交时的一出闹剧。

那个女孩的父母无比开明。为了让女儿和她男友能不受打扰地在家里初尝禁果，他们甚至主动躲到电影院里。女孩的母亲为他们准备好了避孕药。这一切，就像性启蒙电影《赫尔加》中演的那样。当时，他们也正是借这部电影烘托气氛，“让一切正常运转”。可以说，他俩已经知晓了一切，也做好了周密的准备。

可是，他却没能顺利勃起！

如今，他有着强烈的性冲动和性欲望；回首懵懂的(20 世纪)70 年代，他不禁哑然失笑。那是他的青春，那时的他寂寂无闻，而这正是他一生努力超越的状态。所以，他一方面努力约束着自己的冲动和欲望，另一方面又为实现家人的期许而不懈努力。两者之间的矛盾，有愈演愈烈的趋势。

两者如何才能融合到一起?! “性欲的满足”，怎样才能与“和一个女人保持稳定关系，在一个家庭中扮演父亲的传统角色”合二为一?

在尝到了通过身体练习进入“内心世界”的甜头后，受此鼓舞的我们决定进一步研究他的头部、脖子和不由自主的头部颤动。在我的要求下，他小心地缓慢转动自己的头部，再停下来感受身体中所发生的一切。在这个过程中，我们尤为关注那些不起眼、不引人瞩目的事物。

开始做这个轻微晃动头部的动作之后，他惊讶地发现，放松的感觉正在自己身上蔓延。

但在这儿体验到这种感觉，也让他深感羞愧。

只因他体验到了自己！

他感到羞愧，是因为他发现自己的这一“怪癖”，其实只是再寻常不过的动作。一开始晃动头部，他就想起自己不愿在他人面前显露的怪癖。这种感觉既强烈，又亲切。

他给我的感觉,就像一个迷路的小男孩。为了显得“普通”,他努力让自己变得“不普通”。他的做法,就是避免摇头!

这一切,又和祖母要他完成上帝旨意的残酷命令有关。他说:“我会为自己像平时那样‘普通’而感到羞愧。”这句话道出了他平日里的感受,也揭示了他情感分裂的事实。

“呸,真为你感到丢人!”祖母的这番评价,打着家庭传统的名义,毁灭了这个小男孩尚懵懂的自我认识。

当时,他还处在襁褓之中。

而实现那恶魔般预言的任务,就这样被强加在了他身上:“罗纳家的人必须出人头地!”

脖子和头部的晃动,是无名的自我实现救赎的最后机会。它给了作家普通的感觉,现在也应该得到我们的关注。这个动作,掩盖了他的羞愧感;而隐藏在其羞愧感背后的,是他的内心,是他那寂寂无闻的自我。随着我小心地引导他左右晃动自己的头部,这一切逐渐浮出水面。与从前不同的是,他这次所得到的允许,没有和他对我以及对他人所肩负的义务捆绑在一起。

从前的他,究竟有多么不可救药,才能让自己的脖子在相遇和孤独、满足和断念之间做出抉择。甚至小儿子不经意间晃动一下脑袋,就能颠覆他的人生。惊慌失措的他由此情绪爆发,冲着儿子吼叫,命令他停止做这个动作。坐在我面前的这个人,就像一个现代的西西弗斯*,他在痛苦和忧虑中坚持做不普通的人,所以儿子一个普通的摇头举动,也会遭到他的严令禁止。

为了避免自己最初的普通,掩饰那种难以言说的羞愧感,他陷入了一种社会怪圈之中,努力控制自己的头部,好让自己显得普通。儿子下意识模仿父亲摇头的身体举动,恰恰反映了这一点,也揭露了他的羞愧感。

在他的新书中,他提到了“巫术”这一话题,也点出了“寂寂无闻”这

---

* 一个希腊神话中的人物。——译者注

个词。这一切，是否正是他人生的写照？他是否是在借此对读者施加影响？

“呸，真为你感到丢人！”

这既是一种生活经历，也是一句影响深远的咒语。父亲和祖母，将这句话刻在了家庭传统之中，继而勾勒出了一幅与他并不相称的画面。

从前，他明知有损上帝创造的美，依然破坏了纯洁的白雪，堆了一个雪人。

17岁那年，他试图逃离这个笼罩在羞耻和谦卑之中的世界。当时，他能感受到自己的愤怒，也知道自己在作出反抗。

甚至在他选择摇头这一怪癖时，也是如此！

我想象着他年轻时的样子，体会着他为了拥有自我、拥抱个性而不懈努力时的痛苦。正是因此，他才发明了摇头这个动作。——许多年轻人在青春期结束后都会形成某种独特的习惯或身体动作，这正是他们追求个性的表现。我还清楚地记得，自己在那个年纪时，走路特意只摆动一只胳膊，以显得特立独行。我的长鼻子、招风耳以及父母为我挑选的衣服，使我在城里行走时，经常被别人指指点点。我觉得自己在被别人注视、嘲笑、侮辱，却没有反击的可能。

所以，我在走路时只摆开左边的胳膊，借此把人们的注意力吸引到我的身体上。我以这种绝望又耻辱的方式伤害自己的内心，并借此向我的父母表示抗议。我是否也在借助这种方式，告诫自己不要对父母言听计从？

这位作家深爱自己的儿子。在与他的相处中，最为微妙的情绪变化，也逃不过他的眼睛。当小男孩哭喊着从噩梦中惊醒时，父亲会抱起他放在肚子上，用自己的身体和无名的自我“和他交换负能量”。我其实很想目睹这一亲密的身体对话，分享孩子那种有父亲的坚强身体作为后盾的无忧无虑的感觉。

我想起了自己孩子。遗憾的是，我们很少有机会静下心来，完成这样的身体接触。

那是一种独特的体验，也是一种无法重复的经历。

这种平静状态下的细微动作，蕴含了两层意义：它可以让人真实地感受到对方，却无需解释这种“存在”；它可以无需受制于任何要求和义务，做回自己。另外，这样的行动，也是实现完美体验的开始。

在我这里，他没有感受到克制摇头动作的愿望和必要，也没有感受到任何强迫。这让他感到惊奇。

但几分钟后，他又在这一实现“自我改善”的过程中遇到了阻碍。我轻轻晃动他头部的动作，被他视作一种挑衅。他开始不由自主地晃动脑袋，直到隐隐作痛。对此，他无能为力。他说，那就像一种追求改变的渴望。

我们还将花费很长的一段时间，研究他的命运，并在一种神秘的状态下，单独感受他所做的一切，直至消除他那摇头的怪癖。

就像那句告示一样完美：“罗纳家的人必须出人头地！”

从而完美地实现上帝和祖母的期望。

烫手的山芋：母亲和儿子睡觉！

这不是某位电视制作人策划导演的“热椅活动”，而是在一场脱口秀节目中严肃讨论的最新话题。参与者有当事人、主持人和作为受邀嘉宾的我。三个都是男人！

格哈德·阿迈特(Gerhard Amendt)教授曾做过一项名叫“母亲如何看待自己的儿子”的研究，引起了不小的轰动。这项研究所关注的母子之间的性侵问题，是“性暴力”话题中的一个灰色地带。

这一点很难被人掌控，因为通常“什么都不会发生”，也不会留下任何确凿的证据。

之所以难掌控，是因为母亲的关怀、感受和努力，性感受以及男孩对母亲的爱，都相互交织在了一起。这样的爱，并不仅仅是母子之间发生性关系这么简单。

作为心理治疗师和研究性暴力问题的专业人士，在与这类来访者的接触中，我往往会受到很大的触动。而作为一个男人，其他被性侵男子的叙述，也深深触动了我。我的灵魂开始发颤。我想起了自己的母亲，想起了自己对她的爱，以及我们之间相互吸引的瞬间。尽管什么都没有发生！

我屏住呼吸，颤抖着听小组中的一位青年男子讲述他的经历。这让我想起了自己童年时的场景、幻想和目光。想到他和母亲在一起的场景，想起他们之间的性爱，我也恼怒了几秒；但我几乎不愿承认，自己心中也隐藏着这样的贪欲。

“卑鄙！”我想：“充满诱惑，又那么神秘。”从前也是这样？

作为受邀的专业人士，我害怕自己成为猎奇的偷窥者！但我又必须作出专业的评判，理解发生的一切。甚至去控诉它，咒骂它？

母子之间的性爱！

他是同性恋，后来靠表明自己的这一身份，才摆脱了母亲的控制。现在，和媒体十分熟悉的他，就这样把自己摆到了情绪激动的公众面前。他的男友，就坐在对面的观众席上。

在这场男人之间的对话中，这个年轻人向公众展示自己的同性恋关系，接受媒体的检验。而隐蔽、含蓄的认同和对这个年轻人的幻想和思考，则在我的脑海中交替出现。

一个声音诱使我区分“好与坏”，将我们这些男人分别对待。这似乎是一个专家的本分，也是人们意料之中的事情。

但我也感觉到了自己的害怕，感受到了在台上的压力。在其他男人面前，我既惶恐不安，又骄傲自大。

以及男人在谈论起母亲和自己时，那种不愿公开的愿望！

我们的感受、猜测和幻想，得不到回忆和证据的有力支撑。

只留下尚不理智的感受！

我们斜对而坐。三个男人。一场脱口秀。主持人嗅觉敏感，说话直接，但也努力不让任何人感到难堪。他显然有所准备，一步步地引导那个指责母亲性侵他的年轻人说出内心的隐秘。而我则在这场活动中扮演心理治疗专家的角色。

参加这场脱口秀，其实是我在节目开播前不久的一次谈话后，仓促做下的决定。在节目中，我要坐在受害者身边，感受他，在被触动的同时，结合他的叙述，给观众明智、专业的解释和建议。

一旦上了“这条船”，我就没有机会临阵脱逃了。上场后，我就要扮演专家的角色，但其实我也受到触动。随着最后几分钟的飞快流逝，我们三个在台上的人靠得越来越近，不得不完成的任务也越来越让我感到难堪。

“阿迈特教授的研究表明，超过三分之一的男青年曾受到母亲的性刺激。”

“许多人在听说母亲性侵儿子时，都会感到恶心。”主持人说。

主持人一直强调，在这个节目中，在我们三个的对话中，我们将探索母子之间性关系的灰色地带。母亲的柔情和照顾，往往会下意识地包含诱惑的信息。

也就是一种性刺激。但它并非确凿无疑！

我们没有证据！

在我俩的对话中，我们就像专业人士常做的那样，巧妙地提及母亲照顾婴儿、为孩子清洁身体和做健康护理的行为，并指出这也是一种性刺激。我努力装出一丝不苟的样子，保持表情严肃，试图给观众留下一种放松、权威、可信的印象。

我用善意的微笑，跟面前的这个年轻人打招呼。他将讲述自己和母亲调情并发生性关系的经过。有那么几秒钟，我想靠在椅子上，把一切交由我的专业眼光评判。直到我发现，这个年轻人简直是在媒体上做巡回演说：一家大型德国杂志对他进行了专访，并对他的遭遇进行了深入的报道；此外，他还接受了多家报刊的采访，受邀去广播和电视节目上做客。我瘫坐在椅子上。我的专业人士人设，似乎正在渐渐崩塌。

面前的这个人，其实对一切一清二楚。他能够感受自己，甚至能公开讲述自己的故事。同时，他也十分熟悉媒体的舞台。

这是否正是公众所喜闻乐见的？它是否能刺激到大众？震惊和来自卧室的画面，是否就足以说明一切？

这个年轻人状态极佳。他的声音清脆有力，也反复朝观众和主持人露出迷人的微笑。他没有一句结巴和模糊的话，也没有不停地重复。他的说辞清楚易懂，也印证着阿迈特先生的学术观点。

“到底是谁采信了谁？学术研究和这类人的自述，究竟谁先出现？到底是谁从谁那儿受益？”我一边在心里琢磨，一边偷偷怀疑起事实和个人经历的社会与媒体价值。

在答案面前，我倍感无助。受邀作为专家的我，开始变得沉默。也没有人再征询我的意见。这个年轻人所说的一切，似乎都再明白不过。

“我是私生子，一直和我母亲相依为命。我曾经去过孤儿院，后来又回来了。酗酒成性的母亲，把我视作她的个人财产。”

这个年轻人成了母亲生活的中心。此时此刻，他用一幅幅令人信服的画面，描述着两人之间的关系。母亲光着身子在屋里行走，似乎这是理所当然的事情。她当着儿子的面清洗私处，也帮儿子擦洗身子。在这个过程中，她一点都没有感到难堪，也没觉得有任何不妥。

就像母亲给小孩清洁身子一样。至于孩子究竟是 3 岁还是 9 岁，在她看来都不重要！

他强调说，直到 10 岁那年，他才和母亲有了“普遍意义上的性接触”。说这句话的时候，他露出了诡异而平静的笑容；有那么几秒钟，他甚至独自沉浸其中。我原本还幻想他会有所保留，这时只得连忙收回了自己的想法。他所叙述的这一切，对他而言可能也是十分奇妙的经历。

后来，我高兴地看到，自己仓促作出的专业判断终于得到了印证。我注意到，他一边说，一边朝着坐在观众席上的男友微笑。现在，我终于可以合理地解释这一切了：他的同性恋倾向，正是遭受母亲性侵的结果。我在心里对此也有自己的态度：我既理解这一切，又在对它进行道德谴责。

接下来的这些年里，一切都有了爆发和失控的迹象。他先是表现出激动不安，觉得母亲把自己当作私有财产。后来，这种性接触开始让他感到不适。他说，母亲没有顾及他的感受，也没有安抚他受伤的心灵。

她有能力注意到这些吗？这难道不是一个母亲所必须知晓的吗？

这个女人的丈夫当时又在哪里呢？

“一个母亲，不应该和她的儿子睡觉！”

有一次，她喝醉了酒。他虽然感到不快，但也还是积极地投身其中！

勃起和兴奋，给他带去了一系列矛盾的感受：他既感到刺激、有趣，又觉得恶心，害怕事情一旦暴露，母亲会被关进监狱，而他则会被送进孤儿院。

但如果他不配合，母亲就不只是威胁不爱他那么简单了。4 年多来，情况一直如此。

说到这儿，他又神秘地露出了微笑。

我想象着他在和母亲玩爱情游戏时，兴奋到阴茎勃起的样子。这种想法有着极大的诱惑力，但又是那么卑鄙，那么神秘。这也许是一些年轻男子有过的幻想！

我不禁在想，这种被精神分析称作“俄狄浦斯情结”的现象和个人的“俄狄浦斯式感受”，究竟又有哪些区别？

为什么后者是被允许的，而前者就要遭到人们的唾弃和诅咒？

这个年轻人自信的样子，以及他对母子之间诱惑和爱情经历的详尽叙述，使我陷入了迷茫之中。难道我更愿意见到他崩溃，见到他为这段回忆和自述痛苦不已吗？

遭到性侵的他，就该感到绝望和羞愧吗？

如果一个男人对一个女孩做了这样的事情，我们会认为这是强奸，是性暴力。

但如果这一切发生在母子之间呢?！如果一个母亲在酒精的迷幻作用下，感觉到了自己难以忍受的欲望，并触碰了儿子挺立的阴茎，这样的亲密接触，究竟会带来怎样的后果呢？母亲以卑鄙的方式，占有了这个阴茎，任由它带着孩童的兴奋来回勃动。

一个儿子，一个小男子汉，在这么小的年纪就感受到了(前)青春期的冲动，并和母亲发生了性关系，这将让他陷入怎样的迷惘啊！他将感受到自己勃起的阴茎，感受到自己的兴奋和母亲的诱惑。在这种诱惑之下，他行了苟且之事。他有意识地投身这种爱情关系中难以自拔。而在大多数情况下，这样的乱伦关系正因其下流卑鄙，而被许多青年男子所不齿。

这一切发生在母子之间！

没有证据！通常情况下，儿子一方不会提出指控！(这是下萨克森州刑事犯罪研究所一项极具代表性的“受害者调查”所得出的结论。）

我想，如果有人在脱口秀现场询问我的意见，我一定会保持沉默。我无话可说，也不愿把心底的幻想暴露给公众。我觉得自己就像一个贪婪的窥视者，迫不及待地想听这样的故事。

却不想弄脏自己的双手。

这就是身为专业人士的我！

“在她眼里，我是一个敏感、温柔的男人。”在说到母亲为孩子清洗生殖器时，那个年轻人笑着说。他证实了阿迈特教授的发现：这样的行为，会引起性兴奋，往往是一种性行为。他的研究表明：母亲这样做，往往是担心儿子包皮口狭窄。

研究表明：母亲对儿子的这种担心，其实隐含着一种下意识的愿望，即把儿子当作理想的情人。

长期分裂的性欲，心理上对母亲的拒绝和身体上的兴奋，使这个年轻人觉得自己罪大恶极。他的灵魂受到了打击，他知道这是不被允许的。完事后，他连忙走了出去，把自己浑身上下洗了个干净，坐在了电视机前。他关上电视，不愿意面对这一切！

后来，在性关系结束后，他不允许母亲再触碰自己！“从那时起，我不能再接受她对我说：‘我爱你’，或是亲吻我。”

他觉得自己难以接近，觉得自己很脏，但又感到异常的兴奋！他认为自己有罪，甚至在跟别人讲述这件事情时，都觉得自己不值得信赖。

18 岁那年，他公开了自己的同性恋身份，就此终结了和母亲的不正常关系。从此，他如释重负地和母亲划清了界限，也不再和女人做爱。他是同性恋。他觉得在和男人的交往中，自己能够感到安全，获得自信。他能被男友理解，并从他那儿获得力量，从而站到这个舞台上。

听他说起母亲私藏色情杂志时，我觉得有些难以置信。当时他只有 8 岁，可这份记忆却一直清晰地保留到现在。

“当时，我已经什么都懂了。我看见母亲放在抽屉里的色情杂志，翻看了一会儿，感觉到自己的阴茎似乎有了反应。”

他的目光再次转向坐在观众席上的男友。脸上的微笑，似乎让两人之间的纽带得到了维系和加强，直至成为永恒。我继续听着他的话，听他信誓旦旦地说：被母亲当作个人财产，让他感到无比害怕。我记得他曾经说过，当母亲要求他为她提供性服务时，即便只是听到物主代词，都会让他感到恶心。

我能察觉到自己的怀疑和不安。这种不确定的感受，使我无法不带任何偏见地对待这个年轻人。我能理解他的感受。他的阴茎被母亲以不人道的方式占为己有。但即便是在母亲的百般蹂躏之下，它依然没有失去性交能力。我能想象在完成做爱任务、沦为母亲的个人财产后，他那矛盾的心情和无尽的孤独。我甚至想激动地为他的决定叫好，支持他果断与母亲决裂。

可是，我的心里也犯着嘀咕：为了这样的决裂，他又付出了怎样的代价，作出了多大的牺牲呢？

牺牲了他的性欲？

付出了不再对女人具有性渴望的代价？

幸运的是，在脱口秀的舞台上，我一直在公众面前保持克制，没有就精神分析和深层心理学所提出的同性恋模型作任何论述。我不愿处于这个年轻人的境地，也不想对母亲的性侵和同性恋作无耻的幻想。

我更愿意在另一种框架之下，对我们两个人的心理状态作更为深入、更为私密的分析。

对毁灭的恐惧

被指责性侵，会让人被一种极端而强烈的感受所吞噬。在内心中，人们无法保护自己抵御这种感受。当事人所经历的一切，要么导致情感的分裂，要么形成对毁灭的恐惧。性侵的指责究竟是否恰当，反倒没有那么重要。

同时，在这样的指责中，事实早在各方的声音都得到聆听之前就已被定性。人们无法摆脱这种偏见，当事人所说和所做的一切，都会被当作逃避指责的证据。

这种几近强迫和偏执的过程，揭露了一个人的隐秘，还给人提供了未经允许就插手他人内心世界的机会。在这个过程中，他们甚至无需暴露自己潜藏的欲望！

所谓的受害者，将反复充当受害者。再次对他们加害的那些人，就像中世纪的审判官，以一副正义凛然的样子，扮演着拯救受害儿童和成人的角色！

对他们而言，一丝怀疑，一套说辞，一个明显的症状，就足以为他人定罪。他们将用尽一切手段，将这一罪行坐实。

正如心理治疗所显示的那样，参与某种私密关系并因此受到毫无根据的指责，会让人处于一种百口莫辩的危险境地。

作为心理治疗师，我们必须有所作为，而不是什么都不做。无论采取什么方式，我们都必须对指责作出回应，并承担由此产生的严重后果。任何的让步，都会招致诽谤、贬低和毁灭。

现实的关系，在多个层面将参与其中的人联系在一起。这样极端的指责，像一把利斧插在当事人之间，破坏了他们的关系、感受和习惯。

挽救一个儿童或一个成人的幸福，是一项充满争议的大胆行动。遗憾的是，在嫌疑被洗刷之前，它就已经造成了太多的不和。能够定义其幸福的人，不是儿童自己，不是与此相关的当事人，而是那些能够支配儿童的人。

现实导致了角色的错位。儿童所承受的一切，当事人所经历的一切，现在却被强加在了所谓的嫌疑人身上，给了他相同的体验。

大多数时候，情况其实只停留在嫌疑阶段，但事实却已经被定型了。参与者的感受，遭到了极大的伤害和滥用。

嫌疑在被提出的同时，更应该得到验证和证据支持。

但人们总有自己的理由。

接下来要讲述的故事，发生在我和一名48岁男子之间。他指控我对他实施性侵。

这么做毫无根据！

不久前我了解到，这个年轻人仍然孜孜不倦地在公开场合诋毁我。这违背了我们的约定！这样的指责，毫无依据可言！

我恨不得一死了之，或是找条地缝钻进去。我的心脏快要受不了了。我已经丝毫感受不到自己的呼吸，只是在惊吓之下，死死地盯着面前的两个人。

我的腿已经失去了自制力。仍然受我掌控的，只有我瞪大的眼睛和僵硬的脖子。它们将我的恐慌表现得一览无遗。听到那个男子用平静的语调对我提出指控，我像是瘫痪了一样，只能一动不动地站在原地！

我的脑海里只剩下一堆混乱的词语和零碎的语句。我努力阅读这些字母，搜寻它们的意义，却在无尽地恍惚之中一无所获：

我像是着了魔一般，失去了依仗，只感觉到对毁灭的恐惧！

这事关我的名声，事关我的生计！在他说完第一句话之前，在被他那经过深思熟虑的指控之辞震惊之前，我就意识到了这一点。还没等问过我的意见，这样的指控就已经成了既定的“事实”。

我觉得，这已经不是在争论是非。我必须在绝望之中，为自己的生计抗争，为自己的生存权利抗争。

失眠、自我绝望和强烈的孤立感，几乎要将我最后的一丝自我价值观念侵蚀殆尽。

他们说我是施害者！

说我对他实施了性侵。他过来后，当着证人（他女友）的面，向我宣读了早已定好的判决。甚至都不给我回应、解释和辩护的机会。

甚至根本不容我插嘴。

这件事影响的是我！它对我造成了不可逆转的恶劣影响。我越是试图为自己辩护，就越在难堪和圈套之中陷得越深。

虽然我一直在内心里回想，反思他的指控是否有几分不无道理，但无尽的等待，最终还是让我失去了冷静。我努力地回顾他那偏执的策略，试图理解这一切，从而针锋相对地采取措施。但我根本没有机会。

我已经落入了他的圈套之中。似乎“全世界”都在等着这场毁灭我的战争来临，甚至亲自参与其中。我早已是瓮中之鳖。

我知道自己无法摆脱这一指控，便开始莫名地感到羞愧。最后一丝求生的渴望，使我一再重申自己的清白，但我的可信度显然越来越低。从我坦白一切的那一刻开始，我就让自己变得有罪了。

遭遇这样的指控，不可避免地要面对人们贪婪、下作的目光，这使我逐渐失去了生活的力量和自尊。一切都被抛下了船，只剩下我赤裸着身子，像是戴着镣铐一般无力地瘫倒在桅杆上！

就像中世纪那样，在接受拷问之前，我必须签署一份文件。我的签名，将让我为自己没有做过的事情，受到严厉的束缚。仅凭孤零零的签名，就能说明我有错。

我否认性侵的誓言，几乎成了实施性侵的证据。

直到我在一位同行面前敞开心扉！

“没错，就是这样：这事关毁灭。那个人想把你毁掉，所以你必须给他点厉害看看！让他明白一切都有法度。”

我感到如释重负。我的膝盖已经承受不了身体的重量。我只能哭泣着跪下，徒劳地憧憬着儿童般的安全。在从那充满恐惧、麻痹和灭亡的无人区回来之后，我开始咬牙坚持，以明确、清楚和坚定的方式为自己辩护！在我的一生中，我还从没有这样义无反顾地做过事情。当然，我也从来没有对毁灭有过这样的恐惧。

我开始重新感受自己，这意味着我开始恢复意识。换作从前，我的意识就像万花筒，使我能够站在特殊的视角，坚持自己的立场。

在上一次治疗谈话中，我当着这个男人的面，表明了我的立场！我坚定地阐述自己对这起事件的看法。在这个过程中，我一直没有忽视和隐瞒我们之间的治疗关系以及由此引发的故事。同时，我也驳斥了他性侵的指控。我提醒他尊重事实，尊重事情的真实经过。我也明确地指出，他这么做其实是想毁了我！

我决不允许这种情况的发生！

我用这种方式，将自己从负罪感、羞耻感、自我意识和自我认识的混乱中拯救了出来。它给了我力量，使我重新回归生活，重新感受自己、体验自己、评判自己，使我得以区分他的感受和我的感受，抵御移情感受和性侵指控的猛烈侵袭。

而不至于在反移情感受中沦为对毁灭恐惧的受害者。

“如果你想以让我签字的方式，确保我不会把你接受心理治疗和生活经历的细节透露出去，那我很愿意配合。前提是，你也必须停止在外对我的肆意诽谤！”

有那么一阵子，他似乎又想将我彻底毁灭。他声嘶力竭地大声威胁我说：“这是你想要隐瞒一切的证据。这是你为性侵感到有罪的证据！”

这是否是背后那些审讯者的问话？那位在他同我谈话和指控我之前对他进行心理辅导的同行，是否就是这样教他的？在类似的情况下，这位同行是否真把自己当成审讯者了？

到底发生了什么?!

在《话语只是面具——男性的私密场景》一书中，我研究了母亲和儿子之间的乱伦和诱惑场景。这个棘手的话题，迄今为止在公开场合鲜有讨论。母子之间这种诱惑的特别之处，在于一切都处于某种神秘的氛围之中，反倒没有确凿的证据能够证实这一点。母子之间容易发生性侵的场景，恰恰又是平日里母亲教育孩子的必备方式，如爱抚孩子，关心孩子的健康，为他清洗身体等。

格哈特·阿迈特曾在“母亲如何看待自己的儿子”这项研究中，探究母爱关怀和不当举止之间的界限。越过这一私密界限的举动，往往会引发迷茫、诱惑和乱伦行为。在这个过程中，母亲可能并不清楚儿子这一小男子汉的性冲动。她们的眼里只有身体、感受和神秘的儿童性欲，却没有儿子的幸福和舒适。她们看上去似乎对少年的感受了如指掌。所以她们所做的一切，她们的教育方式以及她们对孩子的性启蒙，通常都是社会所允许的，也是公众所赞成的。

当一位母亲在给儿子换尿布时，她出于喜爱亲吻了他的肚子和小鸡鸡，这又有何不妥呢？

当孩子可能包皮口过窄时，她们关注一下儿子的性发育情况，又有何不妥呢？当然，她们这么做更多的是出于自己的担心，而不是出于男性的性体验。

但母亲穿着半透明的睡衣在走廊上经过，丝毫没想到小儿子可能会产生性冲动，这又有何不妥呢？

他毕竟只是孩子！

这位拼命指控我性侵的48岁男子，其私密领域也曾遭到母亲的侵害。我们深入分析了他在家庭中遭到诱惑的场景，总结了这一切对他成人性欲和男性自我认知的不利影响。后来，我询问是否可以把他受诱惑的经历部分发表在这本书里。

当然是匿名的！

我当然会事先征得他的允许，并考虑他对文章的修改意见。

但是还没等我们开始考虑其中的细节，性侵的指控就架在了我的脖子上。

三年的治疗合作，似乎已经在我们之间建立了以信任和安全为基础的治疗关系。所以我才询问他是否可以发表这段经历。但现在看来，我们的关系正面临严峻的考验。这样的危机，其实十分常见。但突然决裂，却是我始料未及的。这一切，都是因为旁人的插手！

在其他心理治疗危机中，这样的矛盾通常可以由参与者自行解决！

实际上，我们的治疗已经接近尾声。几个月前，他甚至还把自己的姐姐推荐到我这儿看病。所以，我一直坚信我们之间关系稳定。这其实大错特错！

下一次来我这儿，他带来了自己的女友。他强调她可以充当证人，好让他宣读律师给他的建议，转告我幕后审讯者的态度。

他板着脸，气喘吁吁地说："今天的谈话不是治疗，我不会为此付钱。"

我恨不得一死了之，或是找条地缝钻进去。我的心脏快要受不了了。我已经丝毫感受不到自己的呼吸，只是在惊吓之下，死死地盯着面前的两个人。面前的这个男人，想要重新定义我们尚可的关系。他要扮演另一个角色，充当陌生人的传声筒。

他用凌厉的语句和缜密的逻辑，宣读了这段将我定义为施暴者的战斗檄文。这里头的遣词用句，是我三年多来所从未见过的，大概不是出自他的手笔。这样的话，我似乎在文献或为遭受性侵的妇女所提供的建议指南里读到过。

"施暴者"这样的术语，将一段鲜活的关系，硬生生地分裂成了两个敌对的阵营。

这个人似乎有些神志不清。在他人的唆使之下，他决定分裂和放弃我们之间的治疗关系。而这原本是他熟悉的事物，是帮助他实现个人发展的基础！

他已经不再是从前的那个他了。

我们之间的关系，我公开其经历的请求和询问，就这样在他人的唆使之下被颠覆了。

而我根本没有参与其中！

这对我们在治疗关系中产生的稳固情感，也缺乏最基本的尊重。

时至今日，我的眼前依然会出现他的身影；我想晃动他的身子，将它从审讯者的魔爪中解救出来。我能感觉到，重新面对性侵这一话题，他依然会感到无助和绝望。为了寻求支持，出于对依托和安全感的向往，他成为了其他利益集团的棋子。在这个过程中，他没有任何影响力，他的感受得不到尊重，他之前所经历的关系也未被考虑在内。

他一再强调，由于我的询问，他的情绪陷入了难以抑制的混乱之中。这时候，其他人找到了他，表示愿意为他提供一些有用的建议。那两个男人，恰巧是和我有过节的死对头。其中一位同行，曾和我一起接受生物能量心理治疗培训，甚至曾是我的好友。

这位来访者被送去见律师，美其名曰让律师为他提供保护。

可是他需要防备什么呢？

对于外人的干预，我感到无比愤怒，却也不知所措。他们为了自己不可告人的目的，擅自操纵了我的来访者。这种极端情绪化的行为，彻底摧毁了陷入信任危机之中的关系。

为此付出代价的，是这个男人。

他的情绪混乱，是我所能够理解的，也是我们治疗关系的一部分。可现在，它突然被捅到了外头。这一切没有经过他的允许，也没有我的参与。

那种“外来力量”的影响，是否又以荒唐的方式再次重现了呢？这样的影响，是否是他所无法摆脱的呢？

这名男子从前从母亲那儿，现在则从上述这些人那儿寻求庇护和理解，希望他们为他指明方向。但这些人是盲目的，为了自己的利益，他们滥用了这名男子那无辜的情感。

我回想那个遭母亲诱惑的小男孩，出现在我面前的却是这个用律师威胁我，指责我性侵的成年男子。

我虽有些不确定自己感受，但也知道这个问题必须从成年人的角度，以男人之间的方式得到解决。虽然面前的这个人曾是性诱惑的受害者，虽然他当时的感受和经历近来又有死灰复燃的趋势，但这个无助的受害者已经把我逼上了绝路。

我必须摊牌，让他清楚地明白，我决不允许他将我毁灭。

我顾不上理会他所说的“这场谈话已经不是治疗”，直接把我们之间的关系史和他在我这儿接受治疗的事实摆在他面前。我提醒他注意，我们之间原本有着信任、奉献和自我感受的良好基础。我不想让某个审讯者的破坏欲，将这股正能量毁于一旦。

一想到我们之间原本巩固的治疗关系，我又试着为这个处于危机之中的男子提供些许支撑。

当然，前提是维护我自己的利益，坚决和性侵的指责划清界限。

“我很愿意签名承诺不将你的经历公之于众。但作为回报，我也要求你不要像现在这样，在外头乱说！”

我们之间急转直下的关系，让我感到十分沮丧。我向他建议，在一个受双方认可、值得信赖的第三者的督导之下，进行一次三方对话。但愿这位旁观者，能用自己的作证和感受，修复我们之间原本良好的治疗关系。

然后，我们就和平分开。

我们三人面对面而坐。起初还有一些尴尬，但很快，我们就各自在这位中立的治疗师面前，就他指责我性侵一事陈述了各自的观点。大家的立场都十分清楚。每个人都觉得自己是胜利者，固执己见，不愿退让。只是在我们偶尔言辞激烈、剑拔弩张时，第三者的在场才起到了些许调和作用。他温和的面部表情和无比强硬的决裂态度，形成了鲜明的对比，也让我在惊讶之余，感到不知所措。

在这一指控面前，我误以为自己在充满憧憬的希望和痛苦的自我辩护之间来回摆动。究竟发生了什么？这个受害者的决绝态度，究竟该怎么解释？毕竟，他可是在我这儿接受了三年的治疗啊！

在这个男人的脸上，我看到了小男孩那忧伤的眼睛。我感觉喉咙被越勒越紧，几乎不敢呼吸。对于隐藏在他背后的审讯者，我怀着满腔恨意。

不再联系！他要摆脱我们多年以来充满信任的治疗关系。他这般杀人诛心的决绝行为，只能用受背后力量的指使来解释。

而这个男子，就像一个夹在我们中间的棋子！

神志不清的我，像在真空中踮着脚尖行进一般，从这一片折磨着我内心的深渊中走过。

我不愿接受这一切，所以坚决要求在谈话记录里写下：我不会任人毁灭！我希望以“体面”的方式和他告别，这样的仪式，在我看来不可或缺。

我绝不会接受这样的诋毁，所以忍不住要冲去找那些插足者算账！那些人明明在那儿，却不敢现身！

我在无助中，为这名男子童年所遭受的羞辱感到难过；但我也在愤怒之中，为他那无耻的指责感到难过。当然，我们最后没有对簿公堂。最后，我也为没能给他提供帮助感到羞愧。

虽然我其实一直出于好意。

“正确的”和“错误的”治疗师

一次针对专业人士的调查，就工作中的身体和性接触得出了以下结论：

——在专业人士的工作内容中，身体接触占据重要位置。

——许多专业人士偶尔会受到来访者的性吸引。

——在专业人士看来，这种感觉是可以接受的。

——在专业人士和来访者之间，经常出现实质性的性接触。

——可以说，专业人士面临着实际的困难。

以上就是瑞士康护和特殊教育中心得出的结论。所以，难道每个心理治疗师都得像心理学硕士马丁·艾勒特（Martin Ehlert）在《心理学报道》杂志上撰文指出的那样，把匿名人士创作的《沙发上的诱惑》一书当作必读书目？只为了像至今仍未缓过劲来的作者那样，对性侵经历产生着魔般的依赖？“这段经历，几乎毁了她（来访者）的一生，使她无法再与人建立任何联系。”

这就是联邦德国心理治疗界的现状吗？

还是说，这本书就像一篇论战文章，从中我们可以看出，在各大心理治疗阵营之间，有着不可调和的矛盾。

艾勒特仔细地对心理治疗中性侵案例进行了实证研究，探讨了弗洛伊德及精神分析学派对这一话题的态度，并在此基础上对心理职业团体提出了要求。从职业道德的角度看，治疗师和来访者之间的性关系当然不应被提倡；但作者这种激进的态度和道德要求，也在外界引发了争议。艾勒特和维茨（Ursula Wirtz，因《精神谋杀》一书闻名于世）认为，心理治疗中的越界行为都是治疗师一个人的错；这样一来，来访者就容易被幼稚化，从而一味扮演受害者的角色。这样的危险，只会导致性侵的指责屡禁不止！

在另一个场合，他们还提到，“几乎每个执业的心理治疗师都碰到过和上一任心理治疗师发生过性关系的来访者。”这更像是一套搬弄是非的说辞。其背后的愿望，是鼓励治疗师在自己的来访者中寻找遭受过性侵的女士。这样的治疗态度，更像是在施行惩戒，而不是在与来访者保持距离的同时，用冷静的头脑为他们提供帮助。

“原则上，所有向治疗师敞开心扉的女性，都面临着危险。”这句话，被当成了约束纽伦堡山涧协会援助者的法律准绳。

他们希望尽可能广泛地扩散有性侵前科的治疗师名单，为潜在的受害者提供警示，但这也可被视作同行之间竞争和敌视的一种新式表现。

保护来访者，更应该避免把同行间的争斗，掺杂到心理治疗之中！

治疗中的自我评判，成了一个棘手的话题；心理治疗的道德准绳，受到潜在的竞争思维的影响；这样一来，心理治疗实践和培训中的许多传统，正在被逐渐淡化。这样的传统，本身就与乱伦和性侵有关；其中发生的一些事情，回过头来看完全可以被定义为性侵。

但在当时，人们却对它们有着不同的体验和评判。

为了掩饰和否认这一心理治疗传统，许多人采取激进的态度，恨不得将有过性侵行为的同行钉死在耻辱柱上。相应的道德准则，为他们提供了便利。

我还记得人本治疗在被引进德语区时，官方曾举办过培训活动。当时引领我们入门的治疗师，被我们称作“父亲”和“母亲”。现在，他们都已成为国际知名的心理治疗师。当时的氛围十分自由松散。知名培训师和督导师与参加培训的学员上床，是一件再寻常不过的事情。治疗中不允许发生性侵的道德准则，在当时还是受人嘲笑的陌生词汇。

虽然在某些个案中，的确有人作出反抗。

我们的治疗师“父母”当时所做的事情，正是他们的后辈今天在圈子里嗤之以鼻的事情。而在当时，这样的行为不但得到学员的允许，甚至还会收获他们的崇拜。

在“权力归花”[①]时代和 20 世纪 70 年代初，这一切发生得那么自然，也没有人感到不满。当时的时代和当时的人，使得这一切的发生成为可能。这样的关系，也没有对专业性造成损害。

现在，治疗师们必须站出来反对自己。一方面，是反对职业团体的代表，反对受人尊敬的同行；另一方面，则是反对这种氛围和态度，反对当年的那种“秘密”价值。

这其实都是在反对自己！

所以，现下如果有人要与治疗中的性侵作斗争，就必须正视这段历史，正视自己的过去，正视社会和历史条件影响下的“治疗性侵”定义。这并不是说要容忍和掩饰所发生的一切，只是每个人都必须诚实地面对自己。

我们必须缓和当前这种剑拔弩张的态度。如果做不到这一点，那一切都只会是假仁假义，虚情伪善。

心理治疗的伦理规范，由一系列治疗态度和实践准则组成。但这些规范的运用和执行，也是每一个治疗学派和（或）职业团体权力关系的体现。在许多学派和职业团体中，男性往往占据主导地位。但女性可以通过在伦理委员会占据多数席位的方式，对领导层施加影响。即便男性在自己的管辖领域可以主导政策的实施，但女性可以通过行使伦理委员会的否决权，对男性的决定作出监督。

在我看来，同行之间为了权力的争斗，指责对方实施性侵，也与社会大众对心理治疗的批判，尤其是对身体心理治疗的批判有关。一切和身体触碰有关的举动，都会遭受批评。似乎就像精神分析学派所担心的那样，治疗的一切都可能与性产生关联。

一说到治疗中的性侵，似乎整个行业都遭到了批判和诽谤。这是否是因为人们下意识地害怕性，甚至谈性色变呢？

---

① “权力归花”(Flower Power)是 20 世纪 60 年代末至 70 年代初美国反文化活动的口号，是消极抵抗和非暴力思想的标志。——译者注

心理治疗是一个受制于自己的行业。它的培训和实践，都基于人与人之间或成功，或失败的关系。我们时常看到，某种治疗关系或治疗机制具有乱伦色彩。有的培训师和我们建立了良好的个人关系，受到我们的崇拜和敬仰，让我们自愿在督导分析中对他敞开心扉；可后来，他的职业资质都遭到了质疑。

甚至遭到谴责？

很难想象，这种心理治疗培训和实践的特点和危险，能够通过激进的反抗态度和强大的伦理准则消除。因为那样的态度，很容易陷入自欺欺人、假仁假义的境地，变得自负和虚伪。

但这就是现实，也是一种遮掩，甚至还是一种暴力？

无论是在培训还是真实的治疗中，心理治疗实践都可能与依赖关系、性侵和乱伦等话题产生关联。处理这些问题是它的强项，但它同时也受到它们的威胁。这样的自我威胁，必定会一直存在。以平常心去面对它，才能实现有效的心理治疗。千万不要妄想把伦理准则和同行间的迫害当作包治百病的灵丹妙药。

我并不想把问题弄得比实际情况更复杂。最后我想说，心理治疗旨在激活和还原遭受侵害时的感受和过程。在这个过程中，来访者和心理治疗师之间存在十分私密的关系。只有这样，治疗才能如愿取得进展。但与此同时，来访者和心理治疗师也面临着危险！

还原遭受侵害的过程，必然会唤起来访者和心理治疗师的感受和体验。在这种移情关系中，治疗师可能会把自己代入到所谓的施暴者或忍气吞声的另一方家长身上。在许多情况下，两种情况甚至会同时出现！

这种角色的冲突，治疗中的反移情感受，可能存在的对自身遭受性侵经历的回忆以及必要的场合式行动，必然促使治疗师面对自己的欲望、性诱惑和乱伦幻想。这种作用，有时甚至是双向的！

这样的对峙是为了更好地参与其中，为了更加鲜明地划清界限，为了使自己可以被人触摸，可以与人相遇。

但它也孕育着危险！

这样的治疗过程，可能会导致治疗性侵。

在还原遭性侵的感受时，来访者堆积的情绪可能会不可避免地诱发新的危险，从而使治疗过程乃至治疗师本人受到威胁。如果恐慌、对毁灭的恐惧以及情感的分裂过于强大，来访者可能会以对治疗师提出性侵指控的方式进行自救。这样，他们就无需继续感受，也无需承认当时那可怕的事实。

情感和经历，被混淆在了一起。儿时所遭受的心情，被和治疗过程中“必要”的过程还原结合在了一起，从而在两者的中间地带生成了新的“事实”。

“我的治疗师对我实施了性侵。”

这样的指控，很符合一部分歇斯底里的风潮，也受到这股风气的支援。公众不去检验事实，不会给治疗必要的空间，更不尊重双方当事人（治疗师和来访者），便兴奋地参与其中，创造了新的“事实”。

“一旦心理治疗中出现了身体接触，就是性侵的开始。”类似这样的怀疑，着实让我感到震惊。这不禁让我想起了纳粹时期一人犯罪全家担责的株连政策。

治疗中的挑逗

治疗中的性侵，不是绅士般的风流，也不是新手治疗师的无心之失，更不是男性治疗师的专利。女性心理分析师，也会诱惑来访者。这虽然与学术研究成果相符，但在当前热烈的讨论中，却很少被考虑在内。

治疗中的性侵，并不一定会以发生实际的性关系而告终。更为糟糕的，往往是治疗师为了满足一己私欲，在治疗中作出的“挑逗”。如果这样的治疗关系决定了治疗的进程，那后果将尤为可怕。例如，一位女治疗师声称自己的女来访者已经恢复健康，从而为两人之间的女同性恋关系铺平道路。当她的期望得不到满足后，她又声称来访者旧病复发！

而对来访者而言，一切都陷入了极度混乱之中。这种疯狂的状态，是他们所无法看透的。

我们必须保持头脑清醒，鼓起足够的勇气，才能对这样的越界行为和那位女同行的卑劣行径作出正确的评判，决定究竟是对她表示赞成还是反对。——这一切的前提，是对事实作深入的“检验”；需要和所有参与者一道，用良知去评价一切。

但如果情况不允许三方坐下来一道解决问题，而我只听过来访者的一家之言，就必须在几次谈话后表明态度，使他感到心理平衡，那情况就会变得困难很多。

同样，我对同行的感受，我对某些治疗方法和某些人严肃性的幻想，以及我对某些同行虽不愿承认但是的确存在的敌对态度和贬低情绪，也会造成困难。

和前文所述的那位女同行划清界限，固然可以满足我拔高自己的自恋心理。“检举”一位精神分析师，将满足我折磨他人的幻想：现在终于轮到精神分析学派遭殃了！他们也逃不过去。倒霉的不仅是“新式治疗方法”，也有那些旧式的严肃治疗方法。

而且有罪的不仅是男人！

写下这些话时，我能感受到自己的恐惧。我害怕自己也深陷其中，更害怕我的读者感觉到这一点。我感知到了自己的幻想，又看到那个无助的女来访者出现在我面前。我想审判那位女精神分析师，把我对精神分析的矛盾态度转嫁到她身上，从她身上榨取一些与她无关的利益。

我知道向同行公开叫板需要勇气。时至今日，我依然为自己当时的不成熟和畏缩追悔不已。

面前这位年轻女子给我讲述了她在治疗过程中遭人挑逗的故事，这让我惊讶到快喘不过气来！

多年以前，她曾在我这儿接受心理治疗。两年后，她因为强烈的身体疼痛，转而到一位 69 岁的女心理分析师那儿接受心理分析。她说，现在自己终于开眼了。她想知道，自己是不是疯了。

一切始于几个月前。当时，那位心理分析师在谈话中，出人意料地问这个年轻女子，是否愿意和她以及她的朋友一起去度假。反正，对她的治疗已经快大功告成了。

这位年轻女子感到有些意外。但她还是相信了治疗即将大功告成的说法，同意和她俩一起去度假。于是，这三位女士就在并不难堪但却极其冷淡的氛围中，相处了一个星期。这位年轻女子显然意识到了两个妇人之间神秘的性关系。所以几周后，当心理分析师再次邀她一到出游时，她不免有些惊愕。

而且这一次，是两人一道出游！

她们一道开车去了当时还属于民主德国的魏玛，在难免紧张的氛围中度过了一段难以言说的时间。这位年轻女子无法理解这一切，从而变得越来越迷茫。最后，她怀疑自己是不是疯了，或是产生了某种莫名的幻觉。

她强调说，在治疗过程中，女心理分析师其实从未关注过她的感受和世界观。她一直强调那是“她和母亲之间的问题”，以此为自己的冷漠开脱。她显然了解她的情况，但却在情感上和她保持距离，给人难以接近的感觉。但是，她又清楚地诱惑着她。

仿佛有过秘密的约定，谁具有话语权，谁要和谁做什么，谁必须服从命令，从一开始就有了定数。例如，当她想要一杯冰镇白葡萄酒时，那位心理分析师就会发火说，葡萄酒不够冰。她没有征得她的同意，就插手了进来，甚至也对她轻微的抗拒视而不见。

她还会以类似的方式，插手许多其他的事情。另一件事也和葡萄酒有关。心理分析师不顾她的感受，当场就喊来了经理。她注意到，葡萄酒略微有些涩，但其实并没有什么大问题！酒完全是正常的，只是和面前的餐食不搭。

心理分析师似乎来了劲，干脆大闹了一场。年轻女子说，这一切都发生在魏玛。在那位女心理分析师未经她的同意，就将她卷入这一切之后，她觉得自己丢尽了颜面。令她难堪的是，她所经历的这一幕，发生在贫苦的民主德国。心理分析师那番声嘶力竭的表现，使她无力反抗，只能把愤怒咽进肚子里。

在经过深思熟虑之后，她小心地说了句“这里生活条件贫苦”，却引起了对方的爆发：女心理分析师强调说，她可以从她那儿得到所有的好处，包括抚摸、柔情和爱！

“您还有什么可不知足的呢！”

我听得目瞪口呆，几乎不敢相信这一切，也为此感到愤怒。这位富有经验的心理分析师是专业人士，也不是新手。可她却想滥用这层治疗关系，让自己和另一个女人——她的病人擦出爱的火花。为了她自己的利益！

为了她私人的享受！

这位年轻女子因为剧烈的身体疼痛向她求助时，原本是对她充满信任的。这一治疗关系，原本应该让来访者感到舒适。可是现在，这位心理分析师却不顾她的感受，任性地把自己凌驾在她之上。

她主导了这一切！

年轻女子后来控诉说，自己当时对男人的感受，尤其是对自己丈夫的感受，遭到了撼动和质疑。她开始退缩，开始觉得自己有罪，去接受心理治疗，正是为了恢复心理健康，找回自我。她希望借助这层关系，恢复和男人的相处！

我在惊愕之余，也想起了两个从前曾在我的诊所里接受过心理治疗的朋友。他们前来寻求帮助时，和我还素昧平生。随着治疗的深入，尤其是在治疗结束之后，我开始了内心的挣扎，思考从治疗和专业的角度看，是否可以在治疗结束、治疗关系发生改变后，与他们私下往来，甚至成为朋友。我清楚地记得，自己当时决定找他们逐一聊聊。正好，我和他俩分别有一个很好的话题，可以供我对他们进行试探。小心地维系我们之间的往来，直至最后成为朋友，是一件十分必要的事情。为此，我在内心里挣扎了很久，也考虑很多，甚至为了检验自己的心态，还和妻子有过促膝长谈。

虽然当时我确信自己愿与他们缔结友谊，但自命不凡的诱惑，依然在我心中激荡。毕竟，我无法把我们过去的关系完全抛在脑后。

——我是他们的前心理治疗师，他们则是我的前来访者。

幸好这两位男子也和我有一样的想法！所以坐在一起谈论各自的愿望，谈论彼此接近的感受，谈论对未来的期待，对我们来说就像是一种解脱。最后，我们一致决定在治疗结束之后，开始一场冒险。

现在，这名女子一动不动地坐在我面前，陷入了沉思。她的内心五味杂陈。直到不久前，她才发现自己已经陷于一张打着治疗旗号的蜘蛛网。在治疗过程中，心理分析师总会向她提出一些充满诱惑的建议。表面上，这些建议都是无害的，甚至披着治疗干预、为她提供善意帮助的外衣。

“对，您和我其实利益一致。”她强调说。

“没错，我也想像您那样去剧院看戏。”

直到上一次度假结束后，她才露出了本来面目，用邪恶的语气警告她说：“如果您解决不好自己和母亲的问题，那您永远都不会幸福，也找不到男人。只有我才能帮您！”

只有我才能帮您？是靠治疗？还是靠爱？

这实在令人迷惑！

就在这时，这名年轻女子爱上了一个男人。这下，她对情感和关系的绝望，都猝不及防地暴露在了自己面前。她已经不知道什么是爱，也不知道自己能否去爱。

莫非那位女心理分析师在度假结束后所施下的恶毒诅咒，真的就这么应验了？

这位年轻女子已经无法在自己和心理分析师、在自己的感受、强加给她的母爱和母亲般的诱惑之间做出区分。所以，身为女人的她，陷入了纠缠不清的绝望和身份认同的危机之中。

“一切竟会变成这样，我到底是怎么了？”

“我该怎么理解这一切，如何学会相信自己的感受？”

“我是不是疯了？”

起初，我不敢轻易干预这位年轻女子的内心事务。我应该在治疗上扮演警察的角色，向她伸出援手吗？还是说，我的干预会将这起“事件”过分夸大？

甚至将它小题大做？

所有的治疗培训制度，都会对心理治疗中的伦理态度进行长期深入的讨论，直至对治疗师的良知形成触动。每个人都必须立下誓言，肩负起责任。蔑视这一切的行为，将遭到最为严厉的惩罚，直至让人大动肝火。

我不禁问自己，究竟发生了什么。我应该借机拔高自己吗？我应该屈服于自己对心理分析师同行那偏执的成见，相信她会性侵一位女来访者吗？我是否应该利用这一治疗关系，实现自己的情感满足？并让这位来访者承担代价？

我担心，这将对她造成无可补救的伤害。

还是说，我应该理解心理治疗的难处，先听听那位心理分析师的说法，从而获得一个“客观的印象”？

我应该以怎样的标准，对待自己的担心，评判这起侵害事件？

这位年轻女子和朋友就她和女心理分析师关系的对话，不但没能给我带来启示，反倒更让我感到不确定。

“她之前不是一直对你很好嘛！”

她陷入了内心的挣扎。她不知道自己该诅咒那位心理分析师，还是出于良心的不安原谅她的所作所为。她被无助地来回拉扯，陷入了一种令人担忧的不稳定状态！

在她问我自己是否疯了的时候，我也遇到了一个棘手的难题。我必须向她挑明我的态度。面对这起发生在女心理分析师和她之间的治疗侵害，我也的确想要给出我自己的观点。

我当然希望出手干预！

但我又不无担心地问自己，我的评判标准究竟从何而来呢？我恨不得躲起来，结束这场对话，或是找个理由脱身。无论是在情感上还是出于同行的情义，我都以某种奇特的方式站在了女心理分析师这边。最后，我为自己的犹豫找了一个借口：她有着良好的分析资质和名声。

我没有去考证，也没有去追问，就迫不及待地给她戴上了桂冠。

现在，在写下这个故事时，我不由感到可悲。我抛弃了这位年轻女子，当她在困境中向我求助时，我蒙起自己的双眼，选择视而不见。

当时，在最后一次谈话中，我提到了她的情绪不稳定。在这种状态下，她的感知变得模糊。在与那位女心理分析师纠缠不清的情况下，她希望借助我这个男人来平复心情，获得安全感。她需要一个框架、一种解释模型，来避免这种不稳定的状态继续蔓延，直至将她淹没。

在我看来，这位身处错乱关系之中的年轻女子，显然不够坚定。她倾向于把特定的感受剥离开来，不再去顾及它。所以，在面对无法忍受的惊吓时，她就开始自闭。于是，她放下了一切责任，和那位女心理分析师建立了暧昧的关系。

如今回想起我们从前的谈话，想到她平静地说起女心理分析师在治疗过程中提议和她建立恋人关系，我仍然感到不寒而栗。

她口中的"痊愈"，被和恋人关系等同在了一起，或是被后者所替代。

一想到那位女心理分析师如何在治疗室里支配这个年轻女子，操纵治疗和她俩之间的关系，我也感到不寒而栗。开始和结束，患病和痊愈，都由她一个人说了算。

而这位年轻女子为此付出的牺牲，她可能根本察觉不到。

今天，我越加感觉到自己有表明态度的责任。并不是来访者的称赞和想要与众不同的移情念头，才能让我成为一个治疗上的"救星"。

有人向我求助，我也看到了她所处的危机，那我就必须有所行动。

可当时，我却产生了犹豫，也丧失了勇气。

甚至是退缩了？

我看见那位年轻女子面无表情地坐在我面前，说出她的意图：搞清楚她是不是疯了。弄清这个问题，关乎她的生存，也关乎她的个性、认知和处理关系的能力。

我能感觉到：再次出现在我面前，向我吐露一切，却又不得不独自前行，使她在羞愧之余，又受到了伤害。

这名年轻女子在寻找着自我。我希望，她没有失去自己仅存的率真。只有这样，她才能在寻找自我的道路上感知到自己！

唯一让我聊以自慰的是，当时我可能已经尽了自己最大的努力，努力为她指明了方向。

说不定，她也只是想从我这儿得到点建议罢了。

“我是对的，是你错了！”
治疗师和治疗警察

情感的越界，乱伦和性侵，是心理治疗和戒瘾治疗中司空见惯的话题。如今外界对这些话题的热烈讨论，一方面是在呼吁保护孩子和家庭，另一方面则是在对家庭进行劝导式的干预。例如，在戒瘾治疗师的倡议下，酗酒的男人或施暴者在治疗结束后，还将被带去和“性暴力问题专家”见面。在某些情况下，他们甚至从一开始就会被隔离在家庭之外。

这是否有违治疗的保密性？还是说，这是社会和道德要求下的必要措施？

当一个治疗小组在一家戒瘾诊所中讨论这一话题时，治疗师们分裂成了两大阵营：治疗师和治疗警察。以下所记叙的这场路线之争，也在一定程度上反映了心理治疗的常态。它所隐含的问题，是许多人所不愿面对的。

一方面，心理治疗师（医生）的保密义务，是治疗关系的信任基础。另一方面，某些暗示存在乱伦或性侵行为的线索，又亟须被公之于众。这几乎是必然的。这么做的目的，是预防更为糟糕的事情发生。

这也是社会大众的意见之一！

所以，那些坚守保密义务的心理治疗师，有时不得不背上“包庇凶手”的骂名。这样的指责，几乎是在将他们定义成“帮凶”。

但是，这是何种意义上的“包庇凶手”呢？是为了帮助来访者摆脱可能的司法惩戒，还是间接促成了来访者在离开诊所后，再次施行暴力？

还是说，一切都是为了保护治疗同盟？保护保密义务？

在我看来，许多同行在情感上是矛盾的。无论他们作出何种选择，都会感到良心难安，甚至遭受外界的指责和控告。

如果意识不到这一点，那心理治疗师们就只能在意识到乱伦或性侵存在之后，停留在"控制"它的幻觉之中。如果性侵的确明显存在，那就会导致信任的破裂。如果性侵只是猜测，那蔑视保密义务就会成为既成的事实。无需进一步检验，其后果已经一目了然。

因为证据已经有了！

(尚未公开的)秘密，已经成了公开的事实，被当成了证据。当事人的感受遭到忽视，家庭也被迫四分五裂。

而其实人们什么都不知道！

这算是对治疗权力的滥用？还是对公共道德的贯彻？

现在，治疗和道德之间，似乎产生了不可调和的矛盾。从我自己的心理治疗谈话经验来看，作为心理治疗师参与其中，为事实所震惊，并由此产生共鸣，往往会让人对性侵感同身受，从而产生那种无能为力、不知所措、失去价值、遭受毁灭的感觉。

有时候，治疗师甚至会重新体验自己所一直回避的、不愿承认的被性侵经历。

治疗中的共鸣，应该是在治疗过程中对来访者感同身受，再通过治疗与之划清界限。所做的一切，都是为了和来访者一道，改变其在家庭中的所作所为。

但另一种做法恰恰相反：先划清界限，再感同身受。这是那些单方面为道德辩护的治疗警察所不敢尝试的。

它要求对一切感同身受：受害者、施暴者、家人、心理治疗师。

"先感同身受再划清界限"能够取得成功的根本前提，是敢于将所经历的矛盾拿来与同行分享。将它公开，同时也让自己暴露在公众面前。

以及通过相互的尊重，让对方也做到这一点。

我来晚了。诊所里，会议已经开始，各路同行们正围绕“性欲和酒瘾”这一话题展开激烈的讨论。许多尚没有定论的问题被抛了出来，它们还有待继续讨论。这场关于性侵的讨论，充满着矛盾和激动，也充斥着紧张的氛围。对于性侵这一时下热议的话题，人们的情绪分为两极：有人感到不知所措，把它当作禁忌；另一些人则迫不及待地想要用自己的观点说服对方。

我的任务，是在这些心理治疗师讨论工作中遇到的和来访者相处的难题时，为他们提供建议。和过去几个月的讨论不同，这一次，我无需再多费口舌引导他们展开讨论。

相反，这次我反倒很难跟上他们的进度。

一种想法不断朝我涌来：我的建议，反正也是多余和不合格的！这个荒唐的想法，引发了我偶尔出现的轻微抑郁情绪。换作平时，这种情绪是有益的，它将引导我走向自我批判。可是今天，我越是想将这种念头从我的脑海里移开，它就越是深深地嵌入我的骨肉之中，让我感到自卑。我想：“自己能力不足，努力提出的建议，也难以掩盖我的庸医本色。”

一切都那么明显。在真正的对话开始之前，我就已经被批得体无完肤了！

这个督导小组中的成员分为两派，互不相让。他们个个情绪激动，仿佛这场争论关乎他们的性命。一方主张无情地处置那些施暴者，也就是那些遭受性侵指控的男人。另一方则强调治疗师在来访者、在那些敞开心扉的男人面前应该尽到自己的伦理责任。他们不想对这些施暴者的行为，作出轻易的评判。相反，他们想去理解和夯实自己的治疗态度，探讨自己对这些来访者时而亲近、时而疏远的矛盾感受。“治疗师”和“治疗警察”之间的角色冲突，不应对来访者造成负担。此外，对来访者（这时，人们突然只提“男来访者”了）的同情，也会导致情绪的混乱。这种两极化的情绪状态，正在陷入“非此即彼”的怪圈。

“开始体会那些孩子、那些受害者的感受时，我的情绪不由开始激动。我感到愤怒和不知所措，一心只想着救助他们。”

"但面前的这些男人,我知道他们是施暴者,是我们要斗争的对象,但他们也是我的来访者,他们需要我无微不至的关注,需要我的个人支持和治疗帮助。"

要么支持受害者,要么支持施暴者!

道德和治疗之间的矛盾,根本无法调和!

我们应该如何应对这种冲突?以情感的隔离,实现轻率但却可以被理解的自我救赎?不让自己受到该话题神秘诱惑的影响?或者在治疗中盲目地相信人性本善,迷信成功治愈男性施暴者的例子?

在日常的治疗工作中,治疗师经常会和家庭中的乱伦和性侵关系打交道。经验表明,有成员酗酒的家庭,往往容易出现乱伦和性侵行为。所以这有什么好奇怪的呢?

我试着参与谈话,但几乎没有人注意到我。他们的争议集中在如何对待治疗小组中的乱伦犯。这无疑刺激到了这群治疗师中的那些"警察",他们主张不遗余力地寻找证据,继而大举对当事人进行惩罚。

"如果有充足的理由证明他有乱伦乃至性侵的嫌疑,那在治疗结束后把来访者放回家中,显然是极不合理的。"一些人情绪激动地说:"我们必须立即采取一切措施,通知所有的性侵问题专家。在有些情况下,来访者应该再也无法回到家中!"

这番激进的言论,着实让我吃了一惊。但本案中出现的家庭乱伦现象,心灵所受的伤害、孩子所受的忽视以及各种各样的依赖,也让我感到惊愕。

以下这个虚构的例子,或许可以反映出警察道德和治疗伦理之间的矛盾。

一个男子在私下里告诉负责小组的女治疗师家中乱伦的经过。恐惧、绝望的勇气、适当的私密氛围以及对女治疗师的信任,使得他在向对方敞开心扉后,不再因对自己和家人的羞愧而感到那样自卑!

可是,这个治疗小组里却有一个奇怪的不成文规定:小组中的其他来访者,都将无一例外地知晓其他人的心理发展过程,参与他的治疗。

那么,这位男子,这个痛苦不已的施暴者,应该把自己暴露在小组成员面前吗?女治疗师又该如何行事?如果最后我们发现,这位男子曾在童年时遭到性侵,本身也是乱伦的受害者,那我们又该如何面对他?

纠缠不清的情感、治疗的要求、治疗小组中日渐发展的关系、社会上的道德呼声,都得被考虑在内。

而我就被夹在其中!

虽然我不想引爆督导小组中这场火爆的争执,但我也实在无法继续忍耐。

我实在无法对"警察"和"治疗师"之间极具破坏性的分歧视而不见。

它已经出现了!这也是治疗中的常态,是这些人所要面对的现实!

"如果你打着治疗关系具有私密性的旗号,在私底下和这个男人、这个可耻的施暴者合谋,原谅他,替他掩盖罪行,那你简直是厚颜无耻!这毕竟是性侵啊!"

"我实在无法压制自己的感受,并与之保持必要的距离。在这个棘手的问题面前,我无法保持头脑的冷静。"

"我们虽然有保密的义务,但也有司法责任。我们必须阻止这一切!施暴者必须被套上枷锁。"

小组里的同行们陷入了伤痛和对毁灭的恐惧之中。每个人,都对其他人充满了敌意!在我看来,他们反复重申自己的观点,声嘶力竭地为自己辩护,显然是在乱伦和性侵现象面前能力不足的表现。他们不愿承认自己的无助和无能,试图掩盖它,但这可能会毁掉来访者的人生。而他们做的事情,无非只是反复引用最新的公众意见、法律道德、心理知识和人类的价值伦理。

这样一来,心理治疗成了一个良知的抉择,成了自我的拷问,成了揭发不法行为的必然义务。

我担心,所有在治疗小组和实际生活中遇到类似情况的人,都会招致无尽地质疑、指责和争议。

如果那些"治疗警察"认为,仅凭这样的行动和干预,就能"叫停"乱伦和性侵,那他们显然是陷入了对权力的幻想之中,从而不自量力地做出自己无法掌控的举动。

虽然情绪激动，但治疗小组还是围绕酗酒者家庭的乱伦，展开了详尽的讨论。

“我什么时候才能确定乱伦的存在呢？”澄清事实真相，必然蕴含着情感的危机。每个人都必须去追问，并用自己的情感和同理心参与其中。尤其是后者，更是在治疗中感知一个家庭气氛和状态变化的必要条件。只有这样，我们才能将这种变化考虑在内，对所有的情绪引起重视。

真相就是事实，是个人的叙述，是气氛的好坏！

只有通过建立治疗关系，我们才能发现治疗中的蛛丝马迹。那是一种特殊的信任关系。最根本的方法，是发挥治疗者的同情心和情感代入能力。

所以，在治疗中搜寻蛛丝马迹，是治疗者对所发生的一切、对来访者的一种特殊责任。而且，他总是要对两者一起负责。

但是，对来访者生活空间中乱伦和性侵现象的探究，往往会让治疗师面临左右为难的抉择——这往往是公众很难接受的。

这一切，事关客观和忠诚！治疗师既要忠于受害者，忠于公众意见，也要忠于所谓的施暴者！

以及忠于自己！

人们在寻找蛛丝马迹和据此作出反应（行动）时，往往有些轻率。如果“客观”占据上风，也即证据相对确凿，人们往往会迫不及待地对来访者的生活世界施加干预。这样的治疗体系，容易对来访者造成深深的二次伤害。

情况还不止如此。生活空间中的其他人，也会遭到波及。在将所谓的施暴者隔离的时候，人们往往忽视了儿童对父亲的爱。这一切，是否都打着道德惩戒的旗号？

这样一来，施暴者一旦在治疗中被点到名字，出去后就必须在他的生活空间中承担责任。具体的做法，是让其他咨询师、邻居和同事知道他的乱伦行为，或（以及）采取必要的侦查措施，如将父亲和其他家庭成员隔离。遗憾的是，其他家庭成员及其(隐藏的)需求和感受，一般根本无人顾及。

这群人想要治病救人，却在消除一难的同时，招来了一灾。

因为，一方面，这些咨询师和心理治疗师的干预，在外界形成了一种恶性循环。它一旦形成，就停不下来，直至失控。也就是说，它打着为孩子着想的名义行事，但最后受害的往往仍是孩子。另一方面，仔细研究后我们往往会发现，乱伦只是一种嫌疑，并没有证据可以坐实它的存在。但人们的做法，却像一切已经板上钉钉了。在这样的质疑声中，猜测被直接当作证据使用。

治疗体系是否应在来访者的生活世界中表明态度、出手干预，以及具体应该采取何种策略，其实都是言之过早的“伪命题”！在某些情况下，采取行动或许是十分必要的。但前提是，事情的经过已经足够清楚！对于自己对当事人的态度，治疗师也有足够的了解！

但人们往往没有这样清醒的认识。

只有当事各方都参与进来，并受到尊重，它才有可能实现。

在这种情况下，绝不能把疾病和道德瑕疵混淆在一起！一种做法，是定义一个人处于患病(如酗酒)或健康状态，然后采取相应措施。另一种做法，是从社会和道德提出法律建议，让公众意见左右自己的态度，并据此对来访者提出惩戒。这样一来，心理治疗师就成了他人的机械臂。

第三种做法，或许能从治疗和人性的角度带来希望。治疗师可以就矛盾感受、个人困境和窥视心理与同行展开交流。这样，他就不会让自己成为贪欲的牺牲品，也不会让参与乱伦的人成为道德禁令的牺牲品。欲望的禁令不会出现，不公的现象也不会再次上演。

“如果对一种疾病心存鄙夷，我还能为他人提供帮助吗?”

随着讨论的深入，小组成员逐渐开始回避引起争议的话题。中场休息后，一些同行直接离开了。另一些人，则切换到了一个不令人为难的话题：治疗师如何面对自己的局限性。他们似乎感受到自己无法忠于双方，也担心再说下去会造成进一步的误解和分裂，所以干脆讨论起

“如何感受治疗的界限”。

这当然是可以理解的！

最后，我终于行使我的权利，让他们暂时停下讨论。我开始展示我的观点，虽然我的这一做法，也遭到了当天在场的一些人的质疑。

在亮明观点后，各种攻击扑面而来。他们指责我操纵了一些同行的发言，为了我自己的利益和立场主观地利用了它们。

我有必要为自己辩护。我不能为了逃脱陷阱，就赞成某一种观点。在“这是疾病”和“这是犯罪”之间做出抉择，必然会陷入两难的境地。如果我站一个阵营的队，就必然要斥责和贬低另一个阵营，质疑他们的个人品德和专业能力。

“……因为你做的事情，是卑鄙的！”

突然，无论是出手干预，还是按兵不动，都成了一种道德责任。认为这是一种疾病的人，被控掩盖某些无上的道德价值；主张惩罚罪行的人，则会遭到治疗师阵营的讥讽：“那你还是去法庭上当检察官吧！”

我表明了自己的观点，也讲述了自己的感受。我觉得自己正陷入这场争论之中，被迫在两种观念之间作出选择。

而争论的重点，其实早已和当事人无关了！

双方代表的情绪，以及他们坚定的站队[要么支持乱伦的受害者，要么支持来访者（施暴者）]，使我日趋醒悟，并鼓起勇气指出：无论是治疗师还是治疗警察的行动，其实都是假仁假义的伪善行为。

“现在，我也成了他们中间的一员。”我想。

我意识到，自己只想对自己负责，而不是成为某种公众意见的代表。“虽然我们在这儿谈论的是治疗实践，但我其实更能感受到自己的无能和无所适从的困惑。”我说：“我想，我们不能简单地依照治疗建议或操作指南行事，更不能像小商小贩一样，沿街兜售自己的观点。并不是谁嚷嚷地最响，就能获得他人的支持！”

我能感觉到两方面的压力：对于所谓的受害者，我负有责任和道德义务；对于施暴者—来访者，我负有治疗责任。

这也是我对整个家庭体系的责任！

写下这篇报告时，我终于领悟到自己这样做的深层动机：我要实实在在地表明自己的观点，叙述我对这神秘而曲折的事态的感受。这样做，是为了让他人获得参照，是为了让我们把注意力集中到自己身上，而不是陷于那无所不能、取之不尽的（狂妄）幻想之中，认为治疗师无所不知，最清楚该怎么办！

我强调说："让各方都得到公正的对待，合理地把控治疗中的道德水平，是一件十分困难的事情。"这需要我们正确衡量公众道德观念的合理性，考虑各方当事人的特点。这些当事人，既包括所谓的受害者、施暴者以及其生活空间的参与者，也包括参与其中的治疗师和"专家"。

"如果我顺从自己的幻觉，选择扮演治疗师或警察的角色，指望通过简单的隔离，就能妥善处理好一个部分暴露的秘密、刚引起人注意的乱伦和猜测之中的性侵。这样的做法，无疑会对当事人造成二次侵害。

"罪魁祸首，就是我和这套治疗体系！"

这样的治疗幻想，其实反映了我们所不愿承认的迷茫、困惑和无助，以及必须做些什么却不知道该怎么做的绝望。它往往打着必要治疗措施的旗号，藏身于公众所认可的行为之中。

于是，人们突然打着别人的名义开始行动，并在这样的行动中获得认同。他们没有注意到，秘密的暴露和难以想象的乱伦或性侵，也会让人对性侵儿童感同身受。由此带来的后果，是分裂、遗忘、爱上施暴者、自卑等。

虽然他们其实并不一定遭受过性侵！

熟悉自己对性侵感受的抗拒，是一件十分必要的事情。只有这样，我们才能在（治疗）工作中更为平静、更为理性地面对性侵经历，而不至于成为抗拒心理的受害者！无论是在受害者还是施暴者面前，我们都不是无所不知、无所不晓的传教士！

无论是乱伦还是性侵，如果没有清楚的事实和确凿的证据，我们只能在自己的感受中寻找共鸣！在心理治疗实践中，这并非全新的创举；只不过在面对乱伦和性侵时，我们却忘记了这一点。

相反，人们的自我追问和反移情感受，使得他们过快地下定结论，选择支持受害者或是施暴者一方。

这是否是深陷恐惧的人们所做出的绝望挣扎?是否因为他们隐约感受到自己也曾遭受侵害?

我在愕然之余,询问同行们是否也和我有着一样的感受:"如果我和乱伦和性侵的当事人一样,也感到无助、绝望、自卑和愤怒,那这无疑宣告了我人设的崩塌和治疗的破产。如果我连自己都掌控不好,又该如何帮助别人克服这一切呢?"

要想像治疗警察那样,用证据坐实乱伦和性侵的存在,就必须先从治疗师的角度,熟悉这一切的过程和感受,体会受伤、混乱、无力和反抗,理解不可避免的沉默、被突破的情感边界和模糊不清的神秘。

我颇有感触地坐在两群受伤的人中间。分为两个阵营的这群同行,原本相互尊重,现在却互相争斗,恨不得将对方消灭。

原本合理存在的不同声音,突然成了对道德纯洁造成莫大损害的心头大患。"我是对的,是你错了!"

我还记得,自己起初一直试图和他们保持距离。作为督导师,我的做法或许有些狂妄。但我一直呼吁双方互相尊重,在这个战场上保留些许人性。

也就是说,在感同身受的同时,也划清界限。

正如一位同行在一次简短的案例报告中所说的那样,这样的治疗态度,将得到病人的感激。他们觉得自己被人理解,也有所依靠,从而能够更为深入地探讨一些私密问题。这样一来,事实将更加清晰,共同的体验也会增加。乱伦和性侵是否真实发生,也将水落石出。这时,我们才能采取措施,将当事人相互隔离。从而保障他们的安全和幸福。

保障受害者和施暴者双方的安全和幸福!

对话结束时,督导小组陷入了沉默。这不由让人感到不安。"一切都说开了,但并没有得到解决!"

它所得到的回应,显然也经过深思熟虑。看得出来,有些人很是受伤,但它至少能带给人一点信心。

"一切都会重新变好的。一切也必须重新变好。"

恐吓：医疗体系的侵害

对性侵的心理治疗，是一个艰难而漫长的过程。男性来访者往往在治疗开始一段时间后，才意识到自己曾经遭受(性)侵害。通常情况下，他们并非因遭受侵害而有意识地选择接受心理治疗，也无法回忆起其中的一些细节和经历。

更为棘手的是，他们可能会被一些隐约的感觉和莫名的症状所困扰，感到恶心、眩晕、恐慌等。但是，他们却回忆不起确凿的过程，甚至不知道这段遭受侵害的经历与男性还是女性相关。

接下来我要介绍的这名男子，察觉到自己曾遭性侵，但却因为隐秘的羞愧保持沉默和克制。虽然他的内心已经波澜起伏，但他却不愿掀起任何风浪。他时刻注意着我，捕捉我最为细微的表情变化，关注我的语气和眼神，却不断忽略自己的感受、幻想和愿望，努力不引起我注意。

他的感受，没有清晰的记忆作为支撑！

正是因此，我们的关系，我们的征程成为了一次危险的冲浪。在不经意间，我就可能对他造成了伤害和羞辱，从而让他感到厌恶。

这一点，甚至他自己都没有注意到！

对彼此敏锐、细致、警觉的关注，还是帮助我们建立了一种真诚而又轻松的联系。我们之间既信任彼此，又感到不安，既害怕触碰，眼神里又充满着渴望；我们很好地利用了这一点，使他没有背负感受和回忆的压力，也无需完成找出施暴者的任务。他生涩地和我建立了联系，并在这层关系的基础上，体察内心那波澜起伏的感受。随着治疗的深入，之前所提到的那些症状也有了新的发展。情感对他的身体产生了震撼，唤醒了他的感官，打开了他的视野，也让他洞悉了一切。

在这一棘手的过程中，只要稍有不慎，这个年轻人就可能受到惊吓和误导。

在医疗体系的影响下，这样的事情真的发生了！

就在他“情感觉醒”的时候，就在他在痛苦中重新察觉到一切之时，包括医生、保险公司、鉴定专家在内的医疗体系，又对这个年轻人，对我们彼此的信任造成了侵害。

这种无耻的干预，极大地干扰了年轻人的私密领域，破坏了我们的治疗关系，也损害了我的职业形象。这不是一个孤例，而是整个医疗体系酿下的恶果！

它不但没有治病救人，给人以最起码的尊重，对信任关系进行保护，反倒在法律条文和指示的默许下，设立条条框框，迫使人在等级和权利关系面前屈服。

这样的侵害，甚至都找不到凶手！

贝恩德泣不成声。他一直觉得自己有罪，却想不起自己在童年时做过什么错事。但每次他隐约感到迷茫，转而向母亲求助时，她也说他有罪。只要她愿意这么说。

这正是母子之间的常态。

“哎，她肯定看穿了我的内心！”

“当时我只是一个孩子，我必须向她求助，否则我就太孤单了！”

每当他与母亲分离、心生恨意、处于孤独和绝望之中时，他都觉得自己有罪。他的罪孽，在于无法在母亲面前掩饰自己矛盾的爱。尽管他一直在为此努力。

他的罪恶，是因为母亲在自己丈夫面前既愤怒又无助的时候，像自己的儿子索取了他无法给予的爱。

贝恩德是爱情的替代物，尽管他其实并没有那么优秀，但在母亲的眼中，他就是十全十美的男人。

“千万别变得跟你爸一样！”

贝恩德的灵魂，被打上罪恶的烙印。他是母亲“女性感受”和“女人味”的作用对象；为此，他常常陷入可怕的梦境之中。那儿充满了暴力和毁灭，他对母亲那遭到压抑、从未得到释放的感受，在梦里不断上演。他所面临的种种争执，从不能以积极、和解的方式结束，他没法获得自由，实现独立。

他就像一个勇敢的锡兵，只要局势需要，就必须出击，隐藏自己的感受，分裂乃至毁灭自己的灵魂！

“反正别成为你爸那样的人！”

贝恩德目前离异。围绕着孩子的抚养问题，他和前妻曾有过无数的争执，最后不得不对簿公堂。在执行法律判决的过程中，他们又吵了数年之久，对彼此怀恨在心。在这场没有休止的争斗中，最为受伤的其实是孩子。

当年也是一样！

没有任何摆脱命运的机会！

通过身体练习提升感受的敏锐性，降低内心的紧张感，是贝恩德所一直陌生的事情。他无法摆脱自身的抗拒。

但在和我的治疗关系中，贝恩德很快表现出了信任，并愿意参与到一些可能引发不安的过程之中。这一事实，表明他的内心感受其实具有很大的弹性，他对于移情关系也十分认可。身体的感知、感受及放松，已经成为治疗得以顺利进行的基础。贝恩德可以与人攀谈，也容易遭人误导，所以他僵硬的外表似乎正在慢慢变得松弛。同时，他开始有了身体感受！

这一点十分重要。只有这样，他的自述才能被和内心的情感体验联系在一起。也只有这样，他才能感受到内心的和谐。在治疗过程中，贝恩德无需背负压力，思考生命中所发生的一切；他只需更加频繁、更为强烈地感受自我，其中也包括感到恐惧、压抑的愤怒和羞愧。

这种羞耻感，来自早年遭受侵害的经历，以及他身上可能潜藏的同性恋倾向。

由于和我保持着良好的移情关系，他愿意放松地感受自己的身体，向我吐露敏感的潜在同性恋倾向。他说不出自己究竟经历了什么，却获得了同性恋的感受。不过到目前为止，他依然受到由此带来的身体和情感病痛的困扰（僵硬、羞愧、面红耳赤、目光呆滞、头晕目眩）。

延长心理治疗，显然是十分必要的，也不应遇到任何困难。专家内德尔曼（C. Nedelmann）在《精神分析论坛》上撰文指出，医生、鉴定专家、保险公司和主治心理治疗师之间，保持着友好的同行关系。所以，在继续进行心理治疗这一问题上，贝恩德没有遇到任何阻碍。稳定的治疗条件，使得我们可以进一步加深治疗关系，也更为谨慎地对待他遭受侵害的经历。

按照贝恩德的说法，我们之间的移情关系进一步保持稳定，也让他获得了信心。显然，在近一段时间里，我就是他心目中"理想的父亲"。就这样，他开始切实地体验到了那些从前只停留在言语中的感受。他殷切地希望有意识地和某人产生联系，并在交往中感受到安全和力量。只有在这种重复的体验之中，他才能还原童年所经历的关系，唤醒遭遇侵害时的感受。

被唤醒的身体症状，将有助于证实最初的嫌疑。他有意识地感受到了这一切：短暂、激烈的内心恐慌，不确定的恐惧，心跳加速，呼吸困难，头晕目眩，失去意识，瘫痪般的僵硬，以及呆滞的目光。

在这一过程中，贝恩德感受到了自己承受力的极限，并与那种一直伴随在他身边的疲惫感做着抗争。此前，他已经像勇敢的锡兵那样，对这种生活感受忍受了许久。

要弄清他在儿时究竟受到了这样的侵害，我必须对他做深入的梦境分析，以象征的方式重复他和我之间移情关系中的同性恋成分,并通过特殊的身体体验,使他在有意识的身体体验中获得安全感。

我让他躺下,托住他的头部。他时而睁开恐惧的眼睛望向我,那样子就像来自另一个陌生的世界。在我看来,那儿充斥着母亲的诱惑和影响,以及女人的味道。

现在,贝恩德探望父母越来越勤。他说,这是因为他对父亲感到好奇。从情感上看,和女人们的相遇带给他新的体验,他也逐渐开始了自我表达。但在身体上,他还是感到僵硬——他觉得自己的身体绷得像锡兵一样直——现在总算好了一些。另外,在和我及前妻的积极交往中,他也对我们越加信任。不过,在询问我如何看待他的性欲时,他依然显得有些不安和拘谨。毕竟,他想和许多女人上床,却不愿为此承担义务。

第二次延长心理治疗的申请获得通过。过早结束我们之间的关系,不仅会让他在情感上感到失望,更会让他受到来自治疗世界的伤害。这是心理治疗过程中所必须避免的创伤经历。

我们正逐渐恢复他划定界限的能力,努力用他男性的性认知,去约束他的私生活。

但一股未知的洪流正朝我们袭来!贝恩德突然表现得越来越抗拒,他仿佛受到了某种难以言说的伤害。这种伤害的确存在,但却难以用语言形容,因为它并没有确凿的证据。

贝恩德显露出迷茫和不安。他感到一切回到了原点,虽然他其实已经变得活泼了许多,也在日常生活中更为自信。

他把许多从前寄托在父母身上的期望转移到了我的身上。对此,我并不感到意外,何况他已经学会了就这个棘手的话题吐露心声。他希望我告诉他什么是可以做的,什么是正确的。他需要别人的指引。但他并不希望被当作一个小孩子，而是希望被当作一个即将在浅滩上溺亡的成人。他其实有处世的能力，只是在心里一直感到不安。

从移情关系的角度看，还原遭受侵害的体验，就意味着“采纳全新的视角”，意味着不再孤单。这将使得他可以直视我的双眼，并在眼神的交流中感到安全和触动。他将把我当作一个真实的对象去感受，从我这儿得到了感知自己的允许，并将他日趋强烈的迷惑和僵硬感受告诉我。

他说，自己的关节病和包皮硬化越来越严重。他虽然表面看上去很平静，但内心其实快要爆裂。

我认为，进一步延长心理治疗时间十分必要。一方面，贝恩德需要巩固对童年遭受侵害时的感受的体验；另一方面，他需要在情感上对现实中的私生活和日常生活建立新的认知。正如他所说的那样，虽然取得了“学习进步”，但他依然不知道什么对他才是好的。

羞耻感和良心的不安，就像一层神秘的面纱笼罩在他周围。它们伤害了他的自信心，使他无法以全新的方式生活。

就在我们在波浪之中挣扎前行时，一块锋利的巨大岩石突然挡住了我们的去路，它甚至眼看就要让我们摔得粉身碎骨。虽然有着不同的经历，但我们突然并肩坐在了一条船上，感受着我们对医疗体系那屈辱、羞耻但却无奈的依赖。

这是医疗体系的暴行。

其实，这样的暴行，总是从一开始就潜伏在那里。它不断地捉弄着所有的参与者，却没有人能够逃脱它的羞辱。

就遭受侵害人群的心理治疗而言，这样的恶意恐吓显然后果严重。之所以说它是恐吓，是因为一切的努力，原本都应该为来访者的健康和幸福服务。

事情是这样的：在当时的联邦德国，心理治疗师在对来访者实施治疗之前，比如让来访者去医生那儿开具证明，说明治疗的必要性。只有得到这一必要性证明，来访者才可以申请让保险公司承担治疗费用。

这简直是胡闹！

心理治疗必须征得医生同意，不仅是一起医疗差错，更是对来访者的二次侵害！

法律就心理治疗，尤其是不由医生实施的心理治疗，尚没有明确的规定。而在实际操作中，来访者必须取得医生的处方。于是，两者间出现了不可调和的矛盾冲突。

因为只有医生才能决定心理医生或者某种心理疗法是否可以参与对来访者的治疗！获得医生的许可后，保险公司才会承担治疗的费用。

虽然医疗体系中的等级依赖由来已久，但这种矛盾却根本无法解决。所有参与者都深受其害，感到无力、羞愧甚至自卑！每个人都被困在陷阱之中，无法脱身。

这种权力的侵害，完全是咎由自取。众多的规定、说明和法律解释，使一切成了现在的样子。

这就是体制！

最为受伤的，还是来访者，毕竟是他们在寻求心理治疗帮助时，被告知了这一切。所以，他们在治疗开始时往往需要耗费许多精力，才能有权维护自己的利益。

即使在第一份治疗申请获得批准后，他们依然摆脱不了这种侵害。每隔 20 次治疗谈话，就必须递交延长申请。

可怕的是：有时候，最了解来访者的心理治疗师认为有必要延长治疗时间，而保险公司却拒绝了这份申请。于是，治疗不得不宣告中断。

来访者向心理治疗师求助，对他产生信任，并借助这层私密关系向他敞开心扉。对大多数人而言，这是不同寻常、十分困难的人际往来。这样的私密关系，是心理治疗的基本手段之一。

可是来访者在选定心理治疗师的那一刻起，就感觉到了不安，因为后者无法给他明确的承诺，保证保险公司会承担治疗的费用。他必须从医生那儿获得必要性证明。无论他如何评估自己的状况，都必须去看医生，甚至都不能自主选择看哪位医生。

来访者有权支付保险费，却无权决定自己的命运！

另外，他也不能自主选择心理治疗师，不能决定治疗的过程和方法。他身陷这个强大的体系之中，仿佛落入了恶魔之手。

保险公司说："每个被保险者都有接受心理治疗的法律权利。"

医生却说："可惜我的候诊名单已经排到两年后了。您要不去别人那儿看看？"

而没有医生资质的心理治疗师则说："我可以为您提供心理治疗，但只有医生才可以给您开同意进行治疗的证明。"

这种踢皮球式的转诊制度，对于各方都是一种折磨。最终受害的，还是那些亟须接受心理治疗的人。

来访者在犹豫数月之后，才鼓足勇气，接受心理治疗。他才刚在心理治疗师面前敞开心扉，就被赶到另一位专业人士——医生那儿，被迫把刚说过的话重复一遍。往往只经过半个小时，医生就要对第一位专业人士——来访者自己挑选的心理治疗师的个人品性和专业能力作出判断。

对一种信任关系作出判断！

许多来访者由此感到无助、无力、沮丧和气氛，却不愿意承认这一点。他们在内心深处感到羞愧，却不得不选择屈服，不情愿地遵循这套体系的安排。谁若顽固地提出反对，就会在心理治疗申请得到批复时遇到困难。

心理治疗师和来访者之间刚刚建立的信任关系，在一开始就遭到了撼动。这样的情况并不少见。

心理分析师海纳·萨瑟这样说道："来访者会想，在自己的地盘上都没法做主的人，究竟算哪门子心理治疗师？莫非我现在要去见的医生，才是更好的心理治疗师？莫非他知识更全面，能力更强，影响力更大？"

有时候，来访者会把医生贬作医疗体系的傀儡。这样一来，心理治疗师就被理想化了。无论是捧高还是贬低，都不是实施心理治疗的有利条件。

现在再来说说医生。他的处境也好不到哪儿去。和来访者聊的时间太短，就无法了解他的情况。如果只凭些许迹象就签署了必要性证明，就没有尽到谨慎审查的责任，有愧于保险公司。和来访者多聊几次，甚至见上好几面，那倒是尽到了审查的义务，但即便来访者已经对她产生了信任，他也必须把来访者送回心理治疗师那儿。

医生处在这种两难的境地，也会感到罪恶。

“这一有害的联盟，可能会导致来访者出现严重的情绪分裂，并让治疗者产生负罪感。”萨瑟说。

这种陷入危机、感到羞愧、努力信任和被迫接受权利抉择的无尽循环，既是恐吓，也是暴行。说它是恐吓，是因为它虚构了一幅不准确甚至根本不存在的画面；说它是恐吓，是因为每个医疗体系参与者的做派，都好像经过深思熟虑，是为了对“优质的心理治疗”负责，对来访者的健康负责。

说它是恐吓，是因为超过一半的必要性证明上，都写着“精神性抑郁”这一诊断。这套模糊又尴尬的说辞，泛泛其谈，软弱无力，不切实际。但却具有效力！

即便医生付出了努力，即便他们想要认真负责，依然无法摆脱这种恐吓和暴行。他自己也身陷其中，因为进一步的分析、提问和解读，要么言之过早，要么让来访者难以接受。或者，他只能凭着最初的主观猜测，抛出一系列判断和见解。他没有时间检验这一切，追问这一切，修正这一切。

恐吓和暴行，也发生在参与其中的同行（医生、心理治疗师、鉴定医生）之间。在必要性证明上，医生还要对心理治疗师的人品、专业能力以及治疗方法给出意见。由于在这方面，尚没有具体的法律解释和法律规定，一切都决定于医生主观的判断。在某些复杂的案例中，这样的判断很容易引发难解的争执和激烈的论战，甚至不得不对簿公堂。

治疗体系和医疗体系，没能以负责任的方式进行合作，从而让来访者的健康受益。

“联邦劳动和社会保障部默许联邦医生和保险公司委员会在制订心理治疗准则时，对临床心理治疗设置准入规则。只有医生才有权判断心理治疗师的资质，决定一个持心理学硕士文凭的人是否可以参与由保险公司承担费用的治疗。”德国心理学家联盟负责人普尔维利奇律师说。

最后，这一切都得由来访者去承担，让他们遭受反复的羞辱和伤害。就像他们在小时候，也要忍受父母之间（无声的）争执。

所以，心理治疗是否始于一个可悲的幻想？它是否从一开始就会给人带来痛苦？

在安全稳定的治疗关系中，贝恩德重新体验到了遭受侵害时的感受。他觉得自己不再孤单。因此，他才会告诉我自己日趋强烈的迷惑和僵硬感受。

直到他发现自己成了医疗体系的牺牲品。

这样的威胁和侵害，就发生在一位来访者即将直面自己所遭受的性侵之时。我对此十分无语：就在他还原遭受侵害经历的时候，原本应该治病救人的体制，却再次伤害了他，对他进行了侮辱和贬低。

我不敢公开对此表示愤怒，因为我察觉到自己的反抗是多么无力。毕竟，我也是这套体系的一分子。

我再简要总结一下事情的经过：

这次治疗始于1991年2月。一位女医生在与来访者进行了25分钟的谈话后，出具了必要性证明。后来，治疗成功延期了两次。在此期间，她与来访者进行了两次10分钟的谈话，我则出具了详尽的书面意见。

1993年11月，一份新的延期申请通过医生的诊所被递交给保险公司。与往常一样，它被装在密封的信封里寄给鉴定专家。这样做的目的，是为了保护来访者的隐私和个人资料安全。

通常情况下，这份延期申请能否得到通过，将在三个星期内得出回复。

这一次，来访者虽然曾多次致电保险公司询问情况，但一直没有得到答案。保险公司既没有同意，也没有拒绝申请。1994 年 3 月(4 个月后)，来访者被告知他的申请尚未被拒绝。而在 4 月，负责医学鉴定的女性专家通知他说，她还需要一份医生的书面意见，才能对延期申请作出评判。

来访者又去询问为他开具“必要性证明”的医生，对方说自己没有收到这样的要求。“我已经在 1993 年 11 月把所有的材料寄给了保险公司。”

来访者所不知道的是：装有材料和我书面意见的密封信封，被一位保险公司的业务人员违规拆开了。她没有获得许可，也没有给出任何解释！

1994 年 2 月底，我收到一封医学鉴定机构的来信。在信中，对方恬不知耻地指责我说：

> 作为医疗鉴定机构负责精神病和心理治疗鉴定的医生，我收到了一位被保险者的材料，并被要求就对其实施进一步门诊心理治疗的必要性给出专业意见。
>
> 我想通过这封信提醒您一点：这些报告包含高度敏感的信息资料。公开传递这些资料，是不负责任的表现，也有损保密义务。类似的信息，必须被装在写有“鉴定人员收”字样的密封信封里，寄送给保险公司或直接寄送给鉴定专家。
>
> 致以友好问好。

所以，一切成了我的错！

这是一番恬不知耻的指控！但这也是医疗体系的隔绝所造成的恶果。从后来抄送给我的资料里看，就在我收到这封信的同一天，鉴定机构还给保险公司和出具必要性证明的医生写了一封长信，建议治疗应该继续。这封信还对我诊所的心理治疗进行了一番评价。

从头到尾，都没有人征询过我的意见，也没有人转告我医生和鉴定专家的看法！

难道作为心理治疗师，我只能把自己交到医生、保险公司和鉴定专家的手中，任凭他们用主观的好恶做出决定？

我的命运，也和来访者的命运一样掌握在他人手中。

"从精神病学/心理治疗的角度看，被保险人的症状十分严重。但在之前的心理治疗中，他的病情显然没有得到改善。我们建议被保险人立即去具有医生资格的心理咨询师，也即精神科医生处就诊，以检验其是否适合继续接受门诊心理治疗，尤其是考察接受住院或半住院式心理治疗必要性。从现有的资料判断，我认为这一选项值得考虑。从专业角度看，不建议来访者继续接受目前的门诊心理治疗。"那位女鉴定专家这样写道。

要不是从别的途径得到了这份鉴定书的复印件，我至今仍被蒙在鼓里。时至今日，虽然我具备专业能力，并对这段已经持续三年半以上的治疗关系有着个人体会，但从来没有人询问过我的意见。

其他一些无关的人做出了决定！没有征询任何意见！

我的来访者一再催促，甚至威胁要拿起法律武器。终于，在1994年6月，也就是申请递交7个月后，保险公司同意延长治疗时间。这次它没有要求我的来访者再去见医生，也没有要求我给出更多的书面意见。

突然，一切又峰回路转了！

与往次的书面许可不同，这一次保险公司以来电的方式给了他许可。

我们该如何评价这种态度的转变？为何一位来访者会被搁在真空中如此之久？

就在我们要着手处理其遭遇侵害的问题时，医疗体系这一无耻的蛮横行为，几乎断绝了我和来访者之间多年来培养的信任关系。对此，我义愤难平。

虽然我在1994年2月就知晓了这一切，但我不能告诉来访者这一切。明面上，我不能和保险公司有任何往来，因为我们不是签过合同的合作伙伴。

知晓这位来访者以及我们的治疗关系被人左右的全过程，只会让我感到难过。在与保险公司和医疗体系讨价还价的过程中，所有的参与方都一再感到愤怒、羞愧和罪恶，尽管他们没有明说，也不愿承认这一点。从前，正是这些感受折磨着这个年轻人。现在，就在我们要着手处理其遭遇侵害的经历时，它们又出现了。

而且恰恰就在这时，医疗体系让这种侵害再次发生。人们要切断这位年轻人现有的治疗关系，将他送去接受精神科治疗，甚至是送去住院。这些决定，都没有征求过他的意见，也没有让他参与其中。

这实在是太极端了！

最后，我还是把我所知晓的事情告诉了这位年轻人，并小心地告诉了他我矛盾的感受。在这个过程中，我努力保持克制，不让我激动的情绪和对医疗体系的不满感染到他。

我希望他能够参与这个过程，知晓我所获得的信息，从而不被幻想和一部分无意识的经历所左右。我们谈到了他遭遇侵害的经历，谈到了他的困惑和迷茫，谈到他因为认定侵害属实而受到的良心折磨。我们也谈到了医疗体系对他的侵害，谈到了从前遭受侵害的感受重新出现的过程。

现在，他终于不再孤单；他发现了深藏的隐秘，可以勇敢地说出事物的名字，相信起初还十分模糊的感受。他为此感到高兴。

毕竟，他没有听任这个秘密的摆布！

在直抒胸臆、说出这些事情之后，我也倍感轻松。我也由此获得了力量，开始对抗这一医疗体系，以维护来访者和我自己的利益。同时，这一经历也增强了我们治疗关系的信任程度。我们开始深入研究他那可能遭受侵害的经历，探讨他的同性恋倾向——这种倾向也对我们之间的关系产生了影响。讨论这个棘手的话题，取得了令人振奋的成果。我们变得更加亲近，甚至还在对抗医疗体系的过程中略有合作。

这种亲近，将同性恋的感受变成了冒险的勇气。

就像我之前所说的那样，我们其实在同一条船上。这是件好事，也是我们之间建立信任的必要条件，但也有危险在等待着我们。

危险在于：在某些情况下，心理治疗师可能无法和来访者一道对抗体系，和他融为一体。这时，他将不再受来访者喜爱，甚至让来访者感到失望。

我们走着瞧吧！

藏在母亲身上的可怕真相

在公众和媒体眼里，性侵往往是男子对女孩实施的行为。支撑这一说法的数据和论点，往往未经证实，就被来回传递。

“所有男人都是潜在的施暴者。”

但是有两类新情况，令业界感到不安：

其一是母亲对儿子的性侵。

其二是在男子对女孩实施性侵时，有些母亲不仅容许这一行为，还积极参与其中。

但是，性侵并不只是施暴者的违法行为。它还是受复杂生活环境影响的表现，是许多人全方位参与的结果。无论是在性侵的评估还是治疗之中，这一点都不应被忽视。

从情感和道德的角度，粗暴地将性侵简化成一名施暴者对一名受害者的侵害，不但违背事实，还会造成二次侵害。

通常，人们会根据某些事件（如强暴、创伤性经历、对他人或儿童实施性犯罪等）给性侵定性。这种评判方式，没有考虑到孩子的性心理发展，忽视了他（她）正在萌芽的男性或女性性认知以及自我尊重的能力！

从这个角度看，性侵其实在更早的时期就出现了。它包括对儿童的性发展进行常年打压的过程。父母和其他人，都可能是参与者。

在我看来，性侵不只是满足刑事犯罪条件的不法行为，它还包括对孩子的贬低和侮辱。这种情况，往往很早就开始，并持续很长时间！

甚至远在上述事件发生之前。

一位年轻女子的经历，向我们展示了母亲的行为如何让人感到屈辱和羞耻。它彻底毁灭了一个女孩的纯真和快乐。她的孩子经历了这样的毁灭,却不理解为什么,也无法反抗。

“我一无是处!”

为身为女性感到自卑的她,陷入了内心的动荡、绝望和孤独之中。虽然她也一直在努力,希望获得他人的注意和尊重。

这一切,可为意外的发生埋下了伏笔?

我对这位年轻女子进行心理治疗,帮助她进行回忆,也由此陷入了矛盾之中:我要坐实意外的存在,才能让她恢复自信。

在我看来,这是一番十分残酷的努力!如果我坐实意外的发生,那么确凿的性侵经历,会让她觉得自己终于得到了注意和评价。但这样一来,她强烈的性心理认同和对自己女性身份的尊重,都将围绕着这一“受伤的经历”打转。

她在遭此侵害多年以前的蒙羞,将无法重见天日。

她那复杂甚至矛盾的感受,她所处的复杂环境以及她的生活节奏,将因为看起来并不重要而被埋在地下。但是,它们仍像幽灵一样产生着影响!因为她始终想着自己曾被性侵,而错误的援助理念,更是对她造成了约束、否定和分裂。

回忆如果被单独拿出来,可以作为证实性侵的完美证据。但它也会扭曲事情的经过,歪曲错综复杂的关系。虽然揭露施暴者的身份并将他/她与孩子隔离开来,是一件确有必要的事情,但这种粗暴的行径,也会对孩子的认知产生影响。

“这就是事实。这是凶手。其他都不重要。”

对儿童认知、感受和关系体验的这些干预,实际上是十分卑鄙的,因为它对儿童的内心进行着拷问,对他受伤的自我意识提出了质疑。旁人之所以这样做,是因为隐藏的利益。他们不是在对儿童负责,而是为了满足自己潜意识中的贪婪(好奇)。

这就是这群帮手的真实嘴脸!

他们认为,孩子应该成为另一番样子,和现在不同,也和过去不同。正如从前侵害开始时的那样!

此处要讲述的这个故事，源自一次已经结束的心理治疗。我已经将它写完，但为了尊重当事人的强烈意愿，最后没有将它付印。一开始，她同意我将她的经历写成治疗故事，我们还约定一起对它进行修改。但是，最后我们没能走到这一步！

虽然担心这个故事会再度引起情绪的波澜，她依然同意我进行写作。但在读完它之后，她"精神崩溃"了！这一切，超出了她的承受能力。

我们没有机会谈论她的羞愧和恼羞成怒，我也没有机会表达我的诧异之情。

没有对话。不发表这个故事，也不是我们共同的决定。

她说，我不应该这样写。她还试图和这一切摆脱干系，说事情不是这样的。——除此之外，再无谈话，也再无解释。

这件事让我产生了自我怀疑：或许我对她的治疗还不够彻底。我的治疗故事，在不经意间伤害了她的羞耻心。

但它也证实了我的观点：就算百般小心，治疗依然可能失败。这一切，不一定是个人的污点，我们也无需为此感到自卑。

我们无需为了给自己辩解，就过早地寻求言之凿凿的解释。

也不能把失败完全归为她的问题。

它让我明白，性侵那强大的影响力，不仅作用于来访者，也作用于他的整个生活环境。无论是心理治疗体系、法律体系还是公众意见，只要与之产生关联，就无法逃脱这种动态的影响。

无论我做了什么，说了什么，我都参与其中，受制于这种动态作用。

研究来访者所遭受的性侵及其对心理治疗师、律师、教师、电视观众等人的影响，都回避不开一个可怕的话题：当事人。它包括所谓的施暴者和受害者。这样的研究，也会对一个恶人的内心造成触动，影响他的生活态度以及他对外部世界的感受和善恶评判。

性侵具有两类本质特点：一类是父亲/男性的性侵，也即（往往呈）显性的侵害；另一类则是母亲/女性的侵害，主要指对一个人内心的羞辱。这样的人，若在日后遭到（男性的）侵犯，往往无法在情感上做出抵御。

我给这一章取名“藏在母亲身上的可怕真相”，是想表明男性的行为固然可怕，但女性的行为也可能对孩子造成潜移默化的伤害，但各方所做的一切，却都被算在了男性的头上了。实际上，由于之前受到的羞辱，孩子反倒容易屈从于母亲/女性的意志之下。

“成为我期望的样子”或者“离开了我，你什么都不是”。

母亲的影响，可以出现在可怕的暴行之前，也可以作用于暴行之后！

这位不愿让我介绍其情况的女子，就一直屈从于母亲的支配和摆布之下，无法反抗，也无法逃脱。

因为在整个治疗过程中，我们已经探讨并处理过那可怕的暴行(施暴者是一名男子)以及在此之前母亲对她的羞辱。治疗已经结束，但母亲的控制和影响，似乎又有死灰复燃的趋势，使得她又陷入了自我羞辱、遭受侵害、感到气愤、保守秘密、不知所措、精神分裂的循环之中。

这是否是男女性别之争的尖锐表现？或者说是男性和女性自我毁灭的方式？

这种自卑、屈辱、愤怒、性侵和不知所措之间的相互影响，是否是性欲遭到异化和扼杀的表现？人们在孤独和痛苦中向往这样的性欲，但它又无法被人体验。另一方面，它又表现为放荡和追求刺激。只有在那人们不愿承认的双重世界中，它才能被人体验。

不仅在外部世界如此，在受到严密保护的私密家庭空间中也是如此！

这是否是整个社会日趋异化，性欲日趋缺乏心理支持的表现和延续？拥有性欲的人，无论男女，原本应该是寻求满足的人。他们应当在与伴侣的来往中，获得欲望的满足，从而放松自我，在激情和欢乐中投身他人的怀抱。

可是，现实中的男女却要坚持独立。他们追求药物刺激，不断提升性体验的猛烈程度，陷于性实验之中，幻想性欲无所不能。这样的生活态度，只会让人在个人的异化和心灵的崩溃前保持沉默。

这就难怪德国电视二台的《联系》栏目播出了一集名为《莫非一切都是性?》的节目:

> 现在,膨胀的色情明星经常去下午场的脱口秀节目中做客。各流派的灵魂导师,在电视节目上夸夸其谈。各地的色情狂魔,在人们的好奇中得到容忍。更别提那些靠着贩卖性欲大发横财的行业。有部片子叫《小房间里的256段视频》,那标题可真是扎眼。
>
> 但另一方面,性学研究日益表明:德国人在床上已经一蹶不振!性爱都是乏味、无聊的逢场作戏,或者许多伴侣都过着兄妹般的日子,经历着无性的生活。这到底是因为厌倦、麻木还是要求过高?

笑

（性）侵害，忽视和心理打击，会对一个人的性格产生深远的影响。虽然回忆可以澄清一个人的生活状态及其错综复杂的家庭关系，从而在心理治疗中分析当时的事件和由此带来的感受，但"性侵的螺旋线"往往依然一路攀升。

当事人在继续寻找，会联想到其他参与者，甚至想到更为可怕的经历。

与此同时，一种新的处世态度出现了。这种负面的"消极态度"，会滋长愤怒、仇恨和情绪隔离。而当事人反倒坚信可以通过这种方式克服性侵。

具体的做法，是与其他受害者一道，以还原、隔离、抗拒和斗争的方式，对抗潜在的施暴者。这的确是一种克服性侵的重要策略，也在一定程度上可以被人理解。

但这种冒失之举，却成为了性侵螺旋线的延续！这种战斗的姿态，蒙蔽了一个人的双眼。最终的结果，只是给她们的自卑换了一个舞台。

毕竟，她的确遭到了性侵，也是性侵的受害者。从前，她是具有依赖性的受害者；现在，则是努力抗争的受害者。只不过，她现在和一群同样遭到性侵的女人抱团在了一起。

那么男人呢？

他们永远是受害者！

我知道，受害者的确有必要组成（互助）团体。他们可以从其他女人/男人那儿，获得充满敬意的保护。

人们需要这样的支持和鼓励，也需要这么一个地方，让他们可以在毫无保留的情况下吐露心声。

在生活的某些阶段，这样的效果是心理治疗师所实现不了的。我知道，有些人——但并不是所有人——需要这样的互助团体。

但我也知道之后会发生什么！

在参加（互助）团体，和其他情同姐妹的受害者并肩作战之后，她们成了什么？幸存者？

依然是遭遇性侵的女性和男性。

别无其他！因为无论他们与谁交流遭受（性）侵害的经历，都只能在不幸中生活和行动，他们所获得的替代身份都只能是受害者。这种迷惑人的假象，是必须被克服的。

只有这样，在童年早早受到羞辱和损害的自我，才能（重新）绽放光彩。他们不必活在神秘的指示之中，也不必在一群所谓的受害者和幸存者中间获得（情感的）满足。

甚至对那儿产生依赖！

接下来，我要讲述我和一位女士的性相遇。在不知不觉之中，我们已经分不清打情骂俏、吸引和诱惑。它们还同时出现在了移情层面和现实关系之中。

我们有意识地用言语促成了这一切。这位女士是我的同行，这是她的个人意愿。而作为一个男人和一名心理治疗师，我也允许自己这样做。虽然在这期间，我们不断感到害怕、罪恶和迷茫，也接受着专业理论的斥责。

经过共同经营和相互试探，我们创造了一个空间，并让它成为了“过渡学习”的舞台。在这里，儿童和成年女性的感受得以相互接触。我也存在于这个过渡空间之中，我既是男人，也是移情关系下她的父亲；是我孩子的父亲，也是我妻子的丈夫；是移情关系下她的兄弟，也是她的男性咨询师和朋友。在这个过程中，我们没有刻意地把这些不同的角色逐一挑明。

一段时间过后，我们在解决矛盾冲突的同时，还学会了幽默和放声大笑,并在我们之间建立了充满性挑逗的男女氛围。在这个过程中,我不仅是一个“移情人物”,也是一个“真实的男人”,一个供她驱使的男人。

我可以被触碰!我把男性的视角和体验带入了治疗之中,也让男性的言行举止成为她“女性内心世界”的一部分。

男女之间触手可及的相遇,取代了难以触碰的性侵。我相信,这也是其他被侵害的女子所期望的状态。在这场相遇中,我们用性欲、激情和体贴,获得了满足。

母亲怀上她的时候,父亲已经患上了阳痿。在她出生时,母亲抱怨说:“她是我见过最难看的孩子!”

起初我以为,这位女同行只想借身体治疗培训之机,聊聊她的经历。最多不过几个小时。但实际上,她待得还要更久。要么是我在无意间遭到了“欺骗”,要么是在我们第一次谈话时,我还没有对她产生足够的注意。如果一切换一种方式进行,如果我意识到它竟然和我产生了如此紧密的联系,那我当时就会建议她到我这儿接受心理治疗。现在,深入她的内心,走进一段令人难以想象的混乱生活,我既震惊又开心,既激动又感动。在这个算是十分普通的德国家庭里,人们从一个小孩子无辜的自慰中,获得快乐和愉悦!

一个关于心理打击和(性)侵害的可怕故事,逐渐浮现在我们眼前。虽然她能清晰地回忆起这一切,虽然我们也对她的儿童性欲、愤怒、恼火和无助进行过深入的探讨。但在这段经历中,依然有某种未知的残余物在她心中翻滚。它占据了她的内心世界,使她陷入了不安和无助之中。她十分清楚这个故事的来龙去脉,也明白自己对参与者的感受。她成功地鼓起勇气,和那些人断绝往来。但一种不确定地感受却依然若隐若现地滋扰着她:当时十有八九发生了侵害。

看起来,她似乎想通过维持和重复这种未知感受,将她从前已经看清的事物推回到模糊的阴影之中。在治疗过程中,我们能够感受到这片阴影那神秘的吸引力。我们在不经意间落入了陷阱,预感到了某种邪恶势力的存在。我的这位同行，似乎注定遭受这样的命运。

看起来，似乎恶魔的利爪释放了某种回忆，使得我们必须在治疗过程中去对付它，从而使得我们对性侵的认知和由此采取的治疗手段都具有了合理性。我们意识到一切都和性侵相关，并以为自己知道应该采取何种手段去应对。在看到恶魔用到那股神秘的压迫力量彻底占据了她的心灵深处之后，我们不由开始担心。

我想起莱斯哈德·费尔德 20 年前在《我走上了德文许的路》一书中形容一位女子的话：她在（借助治疗）通往内心的路上，失去了她原本还拥有剩下的一切。

我知道处理性侵问题确有必要，但我越来越觉得，对性侵的治疗本身也是一种侵害！

让我们再回到这个普通的德国家庭，看两个核心场景。

“当时我大约四五岁，躺在床上玩弄自己的身体。我完全沉浸在它带给我的快乐之中。直到我发现，父母和姐姐全都围在我周围。他们当然明白这是怎么回事，不但不走开，反而贪婪地看着我，一边发出笑声。

“我虽然看见了他们，但依然继续自慰。不知何时，他们终于走了。

“直到今天，我依然对此感到气愤不已，也为发生的这一切感到羞愧。”

6 到 8 岁，可能是她家庭生活中的关键时期。我的这位同事详细地叙述了这一点，从中我们也可以看出她对世界、爱情和过往的态度。

当时，她有三对“父母”。房屋管理员一家，就像她的继祖父母。他们都是十分朴素的人，常年在家。“他们那儿既好玩又可怕，既舒适又阴森。他们对待我，就像对待一个孩子。”

此外，就是她两个好朋友的父母。在她眼里，他们就是完美的代表。她和那两位好友的关系，比和自己的兄弟姐妹更加亲近。“我姐姐和我只不过是血缘关系！”

虽然好友的父母拓展了她的生活空间，使她对外面的生活有了了解，但当时她就感到自卑，并隐约觉得有些良心不安。“总之，我的确不够好。”

她的亲生父母，反倒与她最为疏远。虽然她也希望有一个可以为她提供力量和依靠的父亲，以及一个可以让她作为参照、为她树立榜样的母亲，但实际情况是，她才是父母的依靠，是为他们提供慰藉的怀抱。这令她颇为遗憾。

“只有在我面前，他们才存在联系。单独相处时，他们永远都合不到一块儿。”

虽然在 3 岁以前，她一直生活在一间由多户家庭组成的大房子里，但她依然感到孤独和受伤。她必须为父母努力，好对得起他们心目中自己的形象。“我恨不得嚎啕大哭。”她说：“我都快要吐了。我就这样遭到了利用，并被夺去了儿童无忧无虑的天性。”

她遭到利用，并具有了性特征！

时至今日，一想到自己从前在家庭中扮演的角色，她依然会感到羞愧。她永远摆脱不了自己从前靠自慰来取悦家人的画面，并为此牺牲了儿童的天真和快乐。此外，她还在暗地里担心自己的过错导致了父母的不合。

因为她是父母的不幸！

“我是父母的橡皮阴茎。他们通过我这个替代物获得快乐，而我自己却感受不到性满足。我天真的儿童性欲，激起了他们萎缩的性欲。但他们只能拿我取乐，而不能一起获得性欲的满足。”

实际上，她也承担了所有的罪责。她要么为父母婚姻的不幸承担责任，要么成为一个性欲化的对象，扮演了性辅助工具的角色。

以达到自我贬低的目的。

如果我们把母亲那句“她是我见过最难看的孩子！”当真，并考虑到她一直这样旁敲侧击地嘲讽自己的孩子，那我们将不难猜测，母亲（在潜意识中）真的希望这句话成为事实。女儿应当是“罪恶”的化身。这还不够：她还应当同情自己的母亲，因为正是她要为这个难看的孩子遭罪。“把我带去给别人看，都会让她觉得丢脸。”

长大后，她和家人断绝了来往。尤其是在青春期，她更是和酗酒的母亲划清了界限。但她依然无法摆脱母亲的这番诅咒。她深陷其中，感觉有一对利爪刺入自己的胸膛。“它们原本要将我的胸膛撕裂,但不知什么原因,就卡在了那儿!”

说起这一切时,她陷入了深深的愤怒和怨恨之中。再也控制不住自己。她瘫坐在地,呼吸微弱,双唇紧闭。从她面部的抽搐以及扭曲的表情中,不难看出她正处于难以想象的迷茫之中。这番难以忍受的经历,足以让她进入疯癫的状态。

我担心她会彻底崩溃。她的沉默,在我看来是受伤极深的表现。她的伤口在隐隐作痛。她发出无声的呐喊,只为拼命留住自己最后的一点灵魂。

眼看她在我面前的垫子上瘫倒,我在震惊之余,竟感到不知所措。她低着头,目光呆滞,伤口像是在滴血。于是我做了一个十分大胆的举动,伸手按摩她颅底的肌肉,好让她感到一阵扎心的痛楚。在这块极度紧绷的肌肉之中,肯定蕴藏着足以对生命造成威胁的痛苦。我的按摩让它得到了释放,那位同行开始反抗、尖叫,双手掩面,一头扎进了我的怀里。

为了逃避这种疯狂!

我恨不得大吼一声。听着她那尖锐的叫声,我几乎已经分不清过去和现在的界限。我同情她,能感受到她颅底的痛苦以及那尖锐的呐喊。

一切都过去了。我恨不得将她揽在怀里,对她好言安抚。有那么一阵子,我不知道自己说了些什么,也不知道自己的话有什么意义。我知道这样做确有必要,但同时也能感受到她的痛苦和灭亡的临近。这是一次危险的征程!我的半只脚已经踏入了黑暗之中,也得不到任何的肯定。这是一次冒险。而现在,周围陷入了宁静。

我们都感受到了时间的永恒。她的头依然靠在我怀里。我们什么都没说,只是在时间的延续中默默感受,并体会着它所带来的可靠和安全。因为现在的这一切,才是现实!

过了很长时间,我才恢复了平静。最后,只剩下我的同行独自躺在垫子上。我们开始讨论我们之间所发生的一切。她露出微笑，睁开眼，感谢我带给她的快乐，说她为找到我而感到幸运！

我有些尴尬，并把这种感受告诉了她。我似乎无法忍受这种美好，无法享受这种状态。和她一起。

我们互相报以微笑，感受着工作结束后从彼此那儿获得的率真、自然的满足。在心理学上，这被称作自我感受。

在告别时，她也感受到了自己的尴尬。

后来她告诉我，自己为被我看到她的窘态感到羞愧。“发现被您看到我的窘态后，我恨不得在地上找个洞钻进去。但是，我的确也受到了心灵的触动。”

她就像一个害羞的小姑娘，却想在我这儿找到成年女子的感觉。她躺在我的怀里，感受着儿时的痛苦，但也同时不无矛盾地知道，自己在我眼里是一个性感的成年女性。

她在无意间闯入了一个未知的中间地带，并无助地陷于其中。这个地方，让她想起了家庭里发生的多次侵犯。在女儿处于青春期的时候，她的母亲时常光着身子在房间里走动，展现着妖娆性感的一面。这一切，竟然发生在一个十分传统的家庭之中！

这样的回忆，让她感到抵触和恶心。这样的回忆，让她违心地陷入了没有距离的状态。她也在身体上真切地体会到了母亲当时的冒犯。她缩成一团，颤抖着身子，身体僵直了好几秒钟。

“我不想只做那个小女孩。我想成为女孩和女人。我希望通过您的触碰，能够站起身来，摆脱治疗，为自己找一个男人。”听到被转移到我身上的感受竟有这样的意义，我不禁哑然失笑。在母亲和孩子合为一体的“母爱空间”和成年人的独立自主之间，应该出现了一道裂痕。

我说出了自己在治疗中的矛盾感受。被她要求对话，并不得不对她作出回应，令我在治疗和个人层面均感到内心不安。这让她想起了自己的父亲。在我的建议下，她想象了自己在童年时和父亲相遇的场景。她强调说，自己就是希望被人牵着手走，好不至于迷失方向。

在这场经历中，我常常同时扮演男人、父亲、治疗师等多个角色。

渐渐地,我也习惯了这种治疗关系和性关系,不再因此感到不安。我应该展示我的想法和感受,并适当地触碰她,而不用去在意这究竟是哪个层面上的对话。

我越来越觉得这番越界的行动,既是挑战和充满刺激的诱惑,也是重要的治疗机会。它将帮助我们一起跃入截然不同的世界。童年的世界、罪恶的世界、成年人的世界、爱情的世界,等等。

在这个过程中,我的同行让我扮演多个不同的角色。我就像一个模特,有时需要扮演一个没有性爱关系的兄弟,有时扮演善良的父亲,有时则扮演性感的男人。

她讲述了和多名男子的往来,以及她的不安和性欲。

她也说,家人目睹她儿时的手淫,是对她隐私极为粗暴的侵犯。这也让她感受到了家人的性欲。

更糟糕的是:家人一直不愿承认当时发生的一切是她儿童性欲的表现。

在身体治疗中,她体会到了骨盆区域强烈的性冲动,那正是她儿时手淫的感受,也是她作为成年女子的性快感。通过放松呼吸,她感受到了自己的身体,对腿部和骨盆抽搐、颤抖、振动等不自主反应放下了心理防备,并开始享受性的快乐。

这一刻,她的家人再也没对她造成阻碍,她也不必再顾及他们的存在。

后来,当我们谈到她如何讨厌家人与他们疏远时,她不自觉地想要推开某件看不见的东西。看起来,她似乎既可以用手将它推开,也可以用脚将它踢开。直到最后,我对她说出了我的担心:如果她往这个方向踢,可能会命中我的裆部,也就是我的性器。

她回想起从前的某个场景。当时,只要前男友靠得太近,就会让她感到害怕。这种害怕来自抗拒,也来自她的欲望。她发现,自己常常在不经意之间,逾越和前男友之间的情感界限。换作其他男子,情况也是一样。

她想起自己把母亲当作榜样,把父亲当作经历的第一个男人。于是，一个核心的问题就得到了解释。一开始，她以为母亲没有欲望；但她很快就纠正说："她没有欲望，或许是因为父亲没有给她回应！"

显然，青春期的这段经历，正是童年手淫经历的重复。她的女性性欲，离不开男人或是其他人。由此带来的后果，是一旦离开了男人，她就感受不到自己的欲望、性欲和女性特征。她强调说，母亲身为一个女人，心底隐藏着强烈的性欲。她也是一样。说到这儿，她不免有些诧异，但也有了一种如释重负的感觉。

有那么几秒钟，她也想起了自己对母亲深深的憎恨和敌意。

于是，她的生活陷入了怪圈之中。她知道母亲的欲望，也能感受到自己的欲望。她想说："妈妈，我跟你一样，也是女人。"但一想到这句话，她就感到不寒而栗。她觉得自己在情感上被母亲给同化了，两人之间已经没有了区别。类似的情况，她曾在自己的来访者身上看到过。

"我体会到了做女人的感受，但却无法将自己和别人区分开。"

当时，我还不太确定自己在这番女人欲望的比较中所扮演的角色。毕竟作为一个男子，我只是这场对战的旁观者。但我同时提到了两方面的内容：女人的性欲和男人的欲望。

但意想不到的是，我竟就这样在不经意间发现了这对母女悲剧式的纠葛：当我的同行还是一个孩子时，她爱自己的父亲，却无法在欲望中占有他；她的母亲占有了父亲的欲望，却无法在性生活上喜爱他。这场女人之间的对立，以女儿对父亲的遥不可及和母亲的欲求不满而告终。

两个女人，都没能得到这个男人！

欲望和快感，在治疗中占据了越来越重要的角色。她想起了一个市场上的女商贩，在她看来，她朴素、天真又纯粹，也象征着力量。面对母女之间的纠葛，她肯定会把我的同行拉到一边，叫她站到摊位旁帮忙卖红薯。

"另外，"我的同行说："我很高兴和您聊到现实的性。我也这样和我的来访者直接探讨他们的性经历和性满足。开门见山，直截了当。"

最后，在我们的治疗关系中开始弥漫一种充满吸引和诱惑的氛围。

一方面，我们开始结合她的生活经历，分析这一现象；另一方面，我们也有意识地利用这一点，用下意识的幽默和大笑来减压，使这段经历在情感上得到巩固。

这样的氛围，有着弥漫着无忧无虑的轻浮、儿童-青春期的欲望、羞愧的脸红和快乐的情欲。

对我们两者皆是如此！

我们都清楚，她其实将我理想化了。这是我们这层关系的必然体验，但对我来说也是一种危险。在它的背后，其实是对安全和交心的渴望。

在这方面，我刻意与她保持距离，这也使得我可以变换身份。一方面，我能够在某些场合下代表她过去的一些人，方便她追忆过往；另一方面，我也是在她对面、可供她触碰的人，这是她从前所从未经历过的。

但对我而言，这也是一种危险。它会让我觉得自己无比强大，甚至还是万能的。我所做的一切，都会对她产生影响。我所说的一切，所做的一切，以及我所隐瞒的一切，突然都有了意义。

所以，在提到某些尚不清楚的事情时，我加倍地小心。只有通过回忆、体验和我们共同的感官探索，才能将它们搞明白。

我们都清楚，对性侵的心理治疗不仅是促成回忆，也不仅是与过去告别的练习以及自我意识的增强。更重要的是，这样的治疗会刺激一系列情感的产生。而这些情感只有被当成一个整体看待，才是真实可信的。它们包括痛苦，越界、遭人干预的感受，绝望，憎恨和不知所措。

以及性的欲望、诱惑和吸引。

在我们真实的男女关系和移情作用下的治疗关系之间，出现了一片模糊的地带。我们以调笑的方式吸引对方。有时候，我应该扮演的移情角色其实并不清晰，所以对我们双方而言，治疗就成了一场刺激的游戏。我们在其中相互探索着对方，而不必以治疗监控的名义，过快地拉下紧急制动的刹车。我也无需只扮演一个可被认知和体验的移情角色。

在持续时间较长、贯穿整个关系的移情基础上，又临时出现了场合式的移情。再加上我的男子身份，使得我们在错综复杂的关系和不乏幽默的刺激之中，开始默默地注视着对方，对彼此产生了关注。

有时候，我们调笑；有时候，发生带有性意味的移情；有时候，我们会相互倾诉自己作为女人和男人的感受和想法；有时候，她会突然"扑哧"一笑说："我真是个女顽固！"接着，她又会为和我走得过于亲密而感到害羞。另一次，她满怀自信地跟我讲起了她和另一个女人打网球时全力拼搏、奋力挥拍的场景，说自己就像一个"击球怪物"。看起来，这根本就不像她能做的事情。

这个女人，把父亲的手绢随身带在身边，却不愿承认自己对父亲的子女之爱，甚至都没有跟任何人说起过这一点。

我们谈到了父亲和女儿之间的关系。我讲述我的女儿，给她介绍我的孩子和妻子。我们小心地在现实中探索，使她得以追忆自己的感受，也使她走进了之前所不敢想象的幻想世界。在这个世界中，有关系，有家庭，也有身为女人的她。正如她所说的那样，之前她一再地被性侵的恐惧所牵绊，沦入了一个恍如隔世的状态，失去了与自己和他人的联系，陷入了迷茫之中。她越说越气愤，甚至想伸手捶打我的胸口。

我建议她通过击打泡沫橡胶块发泄怒火，她没打三下，就笑出了声。她毫无困难地摆脱了那个退化儿童的角色，同时体会到了作为孩子的受伤和震惊以及作为成年女性的救赎！

她感受到了完整的自己。"与您在治疗中的相遇，是无比美好的瞬间，也是我从未敢于迈出的一步。"

看起来，我们一再触及了她童年的恶性循环。有时候，她觉得自己对母亲充满了抵触和憎恨，但有时候又觉得自己深爱自己的母亲。这样的爱，却从没有得到回应。

软弱的父亲，几乎将照顾母亲的任务交给了女儿。他拒绝承担这项任务，借口在外工作，几乎从不回家。这使她陷入了两难的境地，因为当父亲把母亲交到她手里时，母亲已经患有酒瘾，但她自己却丝毫不知。一方面，她要在母亲面前代替父亲，扮演男性爱情伴侣的角色；另一方面，她又把处境糟糕的母亲，当成了女性的表率和认同的对象。

这是一个悲剧性的故事：父亲利用女儿实现自己的目的，掩饰自己爱的无能。她又去羞辱母亲，不停地把空酒瓶摆在她面前。但到了最后，她也感到了自卑！

这种自卑，被包围在不停出现的断念之中。这是她自幼就十分熟悉的生活感受。就在寻找自我的过程中，它又在不经意间浮出了水面。

在我们谈起她遭到侵害、贬低和侮辱的经历、聊到她的性欲和当时的家庭环境时，这种万念俱灰的感觉，又为已经取得的认识和治疗中追忆起的经历蒙上了一层阴影。

她想起了自己婴儿时期的渴望——还是说，这只是一场梦？她伸出手臂，但却没有得到任何回应，最后只得在万念俱灰之下把手放回了被子底下。

爱的缺失和情感的无助，沉默和痛苦的断念以及家人对她儿童隐私和性欲的干预，使得她开始放弃自我。她过早地失去了无忧无虑的童年，只得靠表现得善解人意、乐于助人来实现自我救赎。她清楚自己心灵受过的伤害，也知道自己在儿时遭受过侵害；现在，她也感受到了自己绝望的愤怒和憎恨。

那是一种分裂的体验！

"索尔曼先生，从我对您的感觉看，您并不希望看到我的愤怒和憎恨。您跟我谈话时所一贯强调的内容，更是让我坚定了这一观点。虽然我也知道，情况实际上并非如此！"

她能感受到自己在心灵深处，一直遭受着凭空出现的损害和威胁。她努力通过感受自己和世界、自己和他人的界限去实现自我区分，并以此去避免恐惧和灭亡。

在内心中，她一直逃避着强烈的感受；而面对外界，她也时刻保持警觉，努力不和他人失去联系。

她得不到休息，终日不得安宁。她无法带着轻松和快乐投身生活之中，更无法和一个男人建立充满惊喜、意外和激情的关系。

她说，自己想以更为明确和坚决的方式，处理性侵的问题。看上去，她似乎在努力寻找不幸的根源，却一无所获。在我的记忆中，治疗从一开始就围绕着这一话题展开，也对它有过详尽的研究。但更多的不幸，显然还潜伏在原地。

潜伏在某个地方！

直到我们谈及她的愤怒、断念和不知所措。她能知晓、回忆、经历和谈论这一切，却无法理解它。

因为所发生的一切，她所经历的一切，正是她不知所措的原因，但两者不可混为一谈。

侵害不等同于不知所措。

“我担心，您寻找更多的不幸，寻找额外的‘侵害证据’，将会让恐怖的一幕在您的记忆里不断重演。——它将带您回归自身！”

她痛苦地流下了眼泪。她紧咬着嘴唇，努力控制着自己的呼吸，猛地直起身，又瘫倒在椅子上。目光呆滞，放声高喊。

我在震惊之余，也在心中咒骂那些给人带去痛楚的治疗话术和治疗手段。这一切，虽然本意是好的，却令人痛苦！

但与此同时，我也满怀期待，希望她能借助治疗，停止对性侵的探究，终止这一自我灭亡的行为！

她又回忆起了父母对她造成侵害的一些其他场景。这些信息和叙述固然可怕，但毕竟已经过去了！

在说到自己童年的快乐、天真、爱和天赋时，她终于露出了笑容。她像对待宝藏一样，珍藏着这些记忆。而在治疗过程中，她再次将它们拿出来和我分享。

“我觉得，您能够给人尊严，帮人抹去羞耻。”她眨了眨眼睛说道。同时，她终于将自己最后的消极抛在了一边，开始正视我。她开始询问我——一个男人的意见，问我对男女的看法，问在我的眼中她是怎样的一个女人。

作为一个女人的她和作为一个男人的我、治疗和人性、过去和从前之间的界限，在这一刻促成了真实的相遇。无论是作为移情对象、人还是男人，我都觉得自己有必要给她性的回应。

并把这一切告诉她。

我知道性在心理治疗中是一个十分棘手的话题。但就在此时此刻，面对着我的同行，我觉得它能带给我力量和活力。

我们一边笑着，一边开着玩笑。切断不幸的“螺旋线”后，我们终于可以长舒一口气。我们享受着彼此的幽默，以及彼此之间自然而然的尊重。

还有那种打情骂俏式的性瘙痒。

作为心理治疗师。作为来访者。

在读完自己的治疗故事后，这位来访者这样评论道：

你的孩子不是你的孩子；

他是生活渴望回归自己的产物……

我在诊所的前厅读到波斯作家卡里·纪伯伦的这番话，它陪伴着我度过了整个治疗过程。它——

是我的父母所并不知晓的，是他们在自己身上没有体验到的，也是他们无法继续传承的；

让我注意到，在自己和他人面前，我的某些行为是从别的地方学来的；

是我在整个过程中从我的治疗师兼同行身上看到的基本态度。

在治疗中，我们逐步分析了我的故事。它不仅是一段遭受(性)侵害的经历——我能感觉到自己对这一归类的不适——更是缺乏尊重并过早地遭受伤害和遗弃的结果。侵害也正是发生在这样的背景之下。在我的家中，每个人都属于对方，但没有人属于自己。我强忍着痛苦，为了摆脱这一完全畸形的家庭结构不懈努力。一些特殊情况和特性，增加了我的孤独感，也被我当作一种威胁。我毫无防备，却时不时地被人突破我的底线、作为一个孩子和一个女人，为了获得爱，为了摆脱负罪感，我遭受了太多的羞辱。作为一个女孩和一个女人，我在遭受损害的同时，也在寻找自我、寻找（对女性身份的）认同感；我努力保护自己，但同时也陷入了迷茫。我的故事，正如我的治疗师兼同行所描述的那样，是我们俩之间的性相遇。它让我感到不安和害怕，但也深深地触动了我、解放了我。从许多方面看，它也是一个给人尊重的过程：我得到了注意、尊重和爱护，它震撼了我，让我明白了什么是（自我）轻视，什么是屈服。它是关于反抗和憎恨的故事，也是关于成年人对孩子的爱的故事。它事关夺回失去的领地，发掘隐藏的事物，寻回消失的资源。它也是一个努力成为自我、改变自我的故事。

在这个过程中，侵害占据了较大的篇幅，因为我一直纠结在侵害的“螺旋线”中，并努力搜寻着更多的不幸——虽然我也慢慢发现，我对自己和他人的许多研究，完全可以省略。更重要的是，我在一段较长的道路上不停地前进和后退。前进，是因为我希望清除包括罪责在内的一切，实现最终的自由；后退，是因为我无法忍受由此带给我的震撼，以及我那暴露在治疗师面前的深深羞愧。但正像他所写的那样，要摆脱这一折磨人的行为和现象，我必须和他一道，接近潜藏在深处的东西。只有这样，我才能挺过这一关。但与此同时，我又害怕展示自己，害怕把一切搞砸。我害怕负罪感，害怕自己的力量和活力，甚至害怕原本可以带给我希望和成长的女性身份认知。远离侵害这一话题，使我获得了成为另一个人的希望，但它也是一次无比大胆的举动：在走出困境的过程中，即便是最小的一丝沮丧，也能让治疗师感受到我（对当年）的憎恨。而我起初还没有意识到这一点，也不知它从何而来。

从我的经验来看，只有清理旧的事物，感知新的事物，并在隔离旧事物的新环境下重新认识自己，才能走出可怕的困境。但如果我无法把新的事物当作一种可能性或诱惑去体验，又怎么能放下旧的、熟悉的事物（即便它给我带来痛苦）呢？一个中立的、不可触碰的治疗师，或许会让我的头脑变得更明智一些，但或许也会让我失去理智；无论如何，他无法触动我的内心。或许，这也是我选择另一种相遇的原因：在移情和赋予治疗师多种角色之外，我还允许自己获得真实的触碰和身体感受。用治疗师的话来说，这是一种可触碰的体验。我不认为这只是一种替代方案。它给了我练习和过渡的空间，使我有时间去面对那些崩溃、恐惧和不安；更重要的是，这个空间给了我保护和自由，使我不仅发现了自己的愤怒、憎恨、痛苦和无助，还意识到了自己的女性魅力和性欲，使我愿意展示自己，获得他人的共鸣。它使我获得了爱和渴求的能力，使我愿意被他人所爱和渴求。

我不知道遭受侵害的女性，是否都愿意和男性治疗师建立可触碰的治疗关系。就我个人而言，这是一次舒适的体验，虽然整个过程其实并不容易。我主动寻找这种状态，但有时遇到困难，我也会希望出现在对面的是一位女性治疗师，希望换一种方式进行触碰。但就我个人对受侵害女性进行治疗的经验来看，她们每个人都渴望在充满爱意和情欲的氛围下，重新感受自己和自己的身体，与自己和他人建立联系。我一再感觉到，治疗关系可以为我提供这种可能，由此建立真实关系的可能性也没有被排除。

在写作、思考和感受的过程中，我也意识到了一点：虽然我对他充满敬意，但我也不愿放任(我这)一位男性治疗师对女性和她们的需求妄加评判。正如身为一位女性治疗师，我觉得自己不适合就男性和男性来访者的需求泛泛而谈。或许我这样说，是为了限制一下他的权力，尽管我一直很信任他，也愿意给他这种权力——当然是在潜意识之中。说到这里，我不禁哑然失笑，因为话题已经被扯远了，它几乎已经和侵害没有任何关系。我为此发笑，它让我得到了释放，也让我明白：提出批评和怀疑，远比感谢他的人性、力量和勇气要容易许多。我要感谢他作为一个真实的男人出现在我面前，感谢他克服自身恐惧、勇于采取不凡行动，感谢他为我打开和关闭了一扇扇大门，感谢他给了我直面自己渴求和欲望的勇气。虽然坦率地说，将我们之间的相遇公之于众，对我而言并非易事。我的一部分自我，其实更愿意将自己保护起来。

参考文献

Ahlers, T.; „Möglichkeiten und Grenzen narrativer Hermeneutik: Darstellung einer Kontroverse", Zeitschrift für systemische Therapie, Heft 2, April 1994

Amendt, Gerhard; „Wie Mütter ihre Söhne sehen", Bremen 1993

Arbeitsgemeinschaft Kinder- und Jugendschutz; „Gegen sexuellen Mißbrauch an Mädchen und Jungen", Köln 1993

Bass, E./Davis L.; „Trotz allem", 1990

Beratungsstelle für sexuell mißbrauchte Kinder, Jugendliche und junge Erwachsene; „Horizonte", Witten o. J.

Bundesarbeitsgemeinschaft der Kinderschutzzentren e. V.; „Kinderschutz: Für die Zukunft unserer Kinder", Köln o. J.

Bundesarbeitsgemeinschaft der Kinderschutzzentren e. V.; „Arbeitsbroschüre", Mainz 1990

Bundesarbeitsgemeinschaft der Kinderschutzzentren e. V.; „Stellungnahme der Bundesarbeitsgemeinschaft für die Kinderkommission des Deutschen Bundestags", Köln 1993

Bundesarbeitsgemeinschaft Kinder- und Jugendtelefon im Deutschen Kinderschutzbund; „Draufhauen, abhauen, oder was", Wuppertal o. J.

Bundesministerium für Jugend, Familie, Frauen und Gesundheit; „Materialien zur Frauenpolitik 5/89", Bonn 1989

Bundesverein zur Prävention von sexuellem Mißbrauch; „Unwissen macht Angst – Wissen macht stark", Bielefeld 1993

Chu, Victor; „Scham und Leidenschaft", Zürich 1994

Deissler, K.; „Erfinde dich selbst… – Ein therapeutisches Orakel?", in: Zeitschrift für systemische Therapie, Heft 2, April 1994

Deutscher Kinderschutzbund Bundesverband; „Sexuelle Gewalt gegen Kinder", Hannover 1987

Deutscher Kinderschutzbund Ortsverband Münster; „Jahresbericht 1993", Münster 1994

Deutscher Kinderschutzbund NRW; „Materialien zur Kinderschutzarbeit", Wuppertal 1993

Ehlert, Martin; „Sexueller Mißbrauch in der Psychotherapie", in: Report Psychologie, Nov. 1990

Feild, Reishad, „Ich ging den Weg des Derwisch", Düsseldorf 1977

Gieseke, Petra; „Wege zur Veränderung", Kiel 1991

Heisterkamp, Günter, „Heilsame Berührungen", München 1993

Hirsch, Matthias; „Realer Inzest", Berlin 1990

Institut für Sexualpädagogik; „Prospekt", Dortmund 1993

Jugendhilfe; „Sexuelle Gewalt gegen Kinder", Hamburg 1991

Kieler Frauenbüro; „Verhaltenstips für Mädchen", Kiel o. J.

Landesarbeitsgemeinschaft autonome Mädchenhäuser NRW; „Mädchen…", Köln o. J.

Lichtenberg, J. D., „Psychoanalyse und Säuglingsforschung", Berlin 1991

Mayo, Lyn; „Treating sexual abuse can be hazardous to your health", in: Newsletter vol. 14, No. 2, New York 1994

Nedelmann, C.; „Die Psychoanalyse als Krankenbehandlung in der kassenärztlichen Versorgung", in: Forum der Psychoanalyse, Band 5, Heft 2, Juni 1990

Petze; „Parteiliche Prävention in der Schule“, o. O., o. J.

Petze; „Parteiliche Prävention – Fortbildungsprogramm“, Kiel 1992

Phillips, Ina; „Sexualität und Pädagogik“, Vortrag auf der ISP-Fachtagung, Dortmund 1993

Pulverich, G.; „Die momentane Rechtslage...“, Referat, Landespsychologentag NRW, 1988

Rezneck-Sannes, Helen; „The feeling insearch of a memory“, in: Women and Therapy 1994

Rotthaus, Wilhelm; „Sexuelle Mißhandlung – neun Anmerkungen zur Konstruktion einer Welt der Verantwortlichkeit mit dem Täter“, in: Zeitschrift für systemische Therapie, Heft 1, Jan. 1994

Sasse, Heiner; „Zur Frage des Arztvorbehaltes und der Indikationsstellung in der Psychotherapie“, in: DGP-Intern, Gotha 1993

Schele, Ursula; „Sexuelle Gewalt gegen Mädchen und Jungen, Modell Versuch Petze“, in: Pro-Jugend, o.O., o.J.

Sollmann, Ulrich, „Worte sind Maske – Szenen männlicher Intimität“ Reinbek 1993

Splittertal; „Vereinsprospekt“, Wuppertal 1994

Switchbord; „Alles Sex, oder was?“, Nr. 8/94, Hamburg

Trappe, M./Steller, P.; „Sexueller Mißbrauch an Kindern“; in: Programm der „Elternbriefe“, Bielefeld 1992

Verein zur Weiterbildung für Frauen e. V.; „Dokumentation: Sexueller Mißbrauch von Mädchen und Frauen“, Köln 1991

Willeke/Bezemer; „Untersuchung erotisch-sexueller Kontakte von Fachleuten...“, in: Zeitschrift für systemische Therapie, Heft 2, April 1994

Wildwasser Nürnberg e. V.; „Gegen sexuellen Mißbrauch an Mädchen, juristischer Leitfaden für HelferInnen“, Nürnberg 1991

Wirtz, Ursula, „Seelenmord“, Zürich 1989

Wolff, Reinhard; „Der Einbruch der Sexualmoral – Zum Problem der sexuellen Mißhandlung“, Ergänzte Fassung der Gastvorlesung, Uniklinik Bern 1987

ZAK, „Erotisch-sexueller Kontakt von Fachleuten in Beratung und Therapie“, Basel 1993

ZartBitter; „Nein ist nein“, Köln 1993

图书在版编目(CIP)数据

欲望的禁令 ：20个直入人心的心理治疗故事 /（德）乌尔里希·索尔曼著 ；徐胤译 .— 上海 ：上海社会科学院出版社，2022
ISBN 978－7－5520－3125－6

Ⅰ.①欲… Ⅱ.①乌… ②徐… Ⅲ.①性心理学—病理心理学—研究 Ⅳ.①B846

中国版本图书馆CIP数据核字(2021)第271308号

上海市版权局著作权合同登记号：图字09－2018－1254

欲望的禁令：20个直入人心的心理治疗故事

著　　者：[德] 乌尔里希·索尔曼(Ulrich Sollmann)
译　　者：徐　胤
责任编辑：杜颖颖
封面设计：黄婧昉
出版发行：上海社会科学院出版社
上海顺昌路622号　邮编200025
电话总机021－63315947　销售热线021－53063735
http://www.sassp.cn　E-mail:sassp@sassp.cn
排　　版：南京展望文化发展有限公司
印　　刷：上海盛通时代印刷有限公司
开　　本：710毫米×1010毫米　1/16
印　　张：13
字　　数：184千
版　　次：2022年2月第1版　2022年2月第1次印刷

ISBN 978－7－5520－3125－6/B·310　定价：59.80元